エンジニアのための失敗マニュアル
―― 痛快な珍問答と失敗のてんまつ ――

博士(工学) 涌井伸二 著

コロナ社

まえがき

「実験装置を扱う者だけが装置を壊す。理論計算だけの研究を行っている学生は，モノを壊す経験ができない。」これは研究室の物品を壊したことを学生が申し訳なさそうに私に報告したときに声を掛けるフレーズである。じつに寛容なものである。

筆者が企業で研究開発に従事していたとき，誤配線によってパワートランジスタをしばしば破壊したことがある。特注トランスを燃やす事故を起こしたときには肝を冷やしたものだ。原因は整流用ダイオードをラックに実装したときの絶縁不良である。このことを上司に報告したとき「じゃ，特注トランスは2台納入されているから，もう1台を使え。」と私を責めることは一切なかった。その後，コンパクトディスクプレーヤが市場に出始めたころ，光ヘッドの開発に従事することになった。当時の半導体レーザは高価であったが，半導体レーザを駆動する，すなわち発光させる APC（automatic power control）回路を幾種類も製作して実験した。じつに楽しかった。設計した電子回路に半導体レーザを接続し，これに電源を投入する。その後出射光を取り出すガラス窓を，焦点が合わないようにちょっとだけ覗き込む（危険）。半導体の接合部は赤々と燃えている。生きている。そして，ワクワクしながらレーザ光を視認するビューアでガラス窓を覗き込み，一筋の発光が確認できたときは爽快であった。この感動を得るために，高価な半導体レーザを破壊する経験を数えきれないほど積み上げた。このような経験があるから，モノを触って失敗することを通してこそ工学は血肉化すると信じている。学生もまたしかりである。学部3年生までの座学によって基礎知識を獲得しても，卒業研究あるは修士課程の研究という実践場面では必ず失敗をおかす。失敗を経験してこそ力量が上がる。自身が経験済みなので，失敗を報告にきた学生を叱責するわけにはいかない。

だから，壊れるはずがない 2 相発信器を学生が故障させたときも，泡立つ怒りを平静な態度で覆い隠した。「発信器なんて壊れはしないのだよ。君は珍しいことをしでかしたねェ。」と皮肉を言うだけであった。

　企業の研究開発の現場では，失敗を大げさに責め立てはしない。開発者の意欲をそぐ損失のほうが，モノを壊すことよりも深刻な事態を招くからだ。だから，計測装置を不注意によって故障させても，即座に修理がなされる。あるいは新品が手配される。資金豊富な企業の場合はそれでよい。しかし，大学の一研究室で企業のマネはできない。不注意あるいは経験不足によって，いとも簡単に測定器を壊されては，修理代だけで研究費が細る。どうにかしたい。対策を考えていたとき，「人のふり見て我がふり直せ」ということわざが浮かんだ。他人の行動を見ることによって自身の悪い点を改めるという意味である。つまり，他人のおかした失敗を十二分に擬似体験すれば，単純ミスによる失敗を防げるのではないかと考えた。これが本書執筆の動機である。

　本書では，まず，現役学生たちの何気ない会話を紹介している。日常会話での稚拙さが，摩訶不思議な連鎖によって技術分野の失敗につながると思うからである。次に，実際に彼らがおかした失敗，そして私自身が若手技術者のときにおかした失敗を実例にしている。決して空想でつくり出した失敗や事故の話ではない。生々しい事実なのである。これらの事例は，筆者の所属学科だけの特別な失敗ではないと思う。ほかの理工系大学生および若手技術者も同様の誤りをおかしているはずだ。

　ここで，他人からの揶揄や非難を一切受けたくないために，失敗などは皆無だと言いたがる人たちがいる。あえて，さらし者になるような失敗を披露するまでもない，と無難に考える人たちがいることは確かである。それが組織の長であり，彼の無難な考え方が蔓延していったとき，組織は腐っていくと私は思っている。本書の読了による擬似失敗体験によって，実際の場面においては過ちをおかさない，ということだけを私は希望している。

2014 年 11 月

著者　涌井伸二

目　　次

1. 序　論
1.1 感激と記憶 …………………………………………………… 2
1.2 経験が大事 …………………………………………………… 3
1.3 失敗の経験 …………………………………………………… 4

2. ボキャ貧と気づきの貧弱さ
2.1 ボキャ貧の実態 ……………………………………………… 5
　2.1.1 技術会話の例（電気電子関係の技術用語）　5
　2.1.2 技術会話の例（機械関係の技術用語）　11
　2.1.3 話し方・聞き方の問題　19
　2.1.4 日常会話の例（話が途切れる語彙の貧弱さ）　23
　2.1.5 私の場合　31
2.2 ボキャ貧が招く失敗 ………………………………………… 35
2.3 気づきの貧弱さが事故につながる予感 …………………… 37
　2.3.1 交通事故　38
　2.3.2 電源の遮断　39
　2.3.3 半田ごての不用意な電源投入　41
　2.3.4 ケーブル越え事件　42

3. 態度

- 3.1 遅刻そして朝の挨拶のこと …………………………………… 45
- 3.2 フレックスタイム制度の光と影 ………………………………… 46
- 3.3 居眠り事件 ……………………………………………………… 48
- 3.4 椅子に座っていられる才能 …………………………………… 50
  - 3.4.1 椅子に座っていられない学生と企業人 51
  - 3.4.2 卒論の見直し 52
- 3.5 エプロン事件 …………………………………………………… 53
- 3.6 サンダル履き事件 ……………………………………………… 55
- 3.7 尻ブチ先生の教育 ……………………………………………… 58
- 3.8 注意書きは景色の一部となる（その1） ……………………… 61
- 3.9 注意書きは景色の一部となる（その2） ……………………… 63
- 3.10 重量物持ち上げ作業に見る事故の予感 ……………………… 64

4. 機械はやさしく

- 4.1 プリンタのトレイ故障事件 …………………………………… 68
- 4.2 ねじ締め事件 …………………………………………………… 71
- 4.3 空圧レギュレータの破壊 ……………………………………… 75
- 4.4 半田ごての破壊 ………………………………………………… 78
- 4.5 ねじは緩むもの ………………………………………………… 79
- 4.6 機械は生き物のように動く …………………………………… 82
- 4.7 空気漏れ事件 …………………………………………………… 86
- 4.8 ICの抜き差し作業 ……………………………………………… 97

5. 電気接続のこと

5.1 半田付けのいろいろ ………………………………………………… *101*
    5.1.1 半田ボールや配線の折れ　*102*
    5.1.2 ハウジングの接続　*104*
    5.1.3 BNC ケーブルの半田付け　*105*
    5.1.4 バナナの半田付け　*107*
5.2 テンションによる断線事件 ………………………………………… *109*
5.3 エナメル線は皮膜をむく …………………………………………… *111*
5.4 電気を通すには2本の配線が必要 ………………………………… *115*
5.5 アクティブ素子を動かすには電源が必要 ………………………… *118*
5.6 電気信号の加算 ……………………………………………………… *121*
5.7 オシロスコープは何のために使用？ ……………………………… *125*
    5.7.1 減衰振動波形　*126*
    5.7.2 オーバシュート　*126*
    5.7.3 オフセットとドリフト　*127*
    5.7.4 ノイズなの？　*128*
    5.7.5 10：1と1：1のプローブ　*130*
    5.7.6 DC カップリングと AC カップリング　*130*
    5.7.7 プローブの校正　*131*
5.8 ショート事故 ………………………………………………………… *132*
5.9 筐体アース …………………………………………………………… *134*

6. 失敗の事例

6.1 抵抗からの発煙事故 ………………………………………………… *138*
6.2 装置からの発煙事故 ………………………………………………… *141*
6.3 IN と OUT の誤認による失敗（その 1） ………………………… *145*

6.4 INとOUTの誤認による失敗（その2）	147
6.5 感 電 事 故	150
6.6 大規模プロジェクトの失敗	156

付録　アナロジの効用

A.1 時間領域と周波数領域	163
A.2 コンプリメンタリ・ペア，相補型トランジスタ	165
A.3 垂 下 特 性	166
A.4 スライディングモード制御	167
A.5 PID 制 御	168
A.5.1 織田・豊臣・徳川とPID制御　169	
A.5.2 現在・過去・未来とPID制御　170	
A.6 除振装置の空気ばね	171

お わ り に	173
引用・参考文献	176
索　　引	179

1. 序論

　JR山陽新幹線の福岡トンネルで起きたコンクリート剥落事故（1999年6月27日），ウラン溶液が核分裂反応を起こした東海村JCOの臨界事故（1999年9月30日），種子島宇宙センターから発射されたH-2ロケットの打上げ失敗（1999年11月15日），そして乗客5名が亡くなった地下鉄日比谷線の脱線事故（2000年3月8日）などが起きて以降，東大名誉教授の畑村洋太郎先生は「**失敗学（失敗工学）**」[1]〜[3]†という新しい学問体系を提唱された。提唱に至るまでの考えの変遷を筆者なりに理解すると次のようになる。

　まず，人は失敗をおかす動物であるという認識に立つ。したがって，失敗をことさら責め立ててはならないのである。しかし，お金，モノ，時間，情報を駆使して行った行為の中には，重要な知見が必ずある。失敗を不問にしたまま，つまり失敗の原因を明確にしないままでは，お金，モノ，時間，情報そのものを無駄にする。そこで，失敗を分析し，これを乗り越えるために失敗を糧にする行為が必要であり，これを体系化しようということが失敗学の提唱となった。

　畑村先生の「失敗学」と同様に，本書も失敗の体系化を目指すのかと問われれば，それは完全に否である。もう少し，柔らかいイメージを持ってもらいたい。「**人のふり見て我がふり直せ**」ということわざは，他人の姿や行動を見て，自分の悪い点を改めることを意味する。また，「**他山の石**」とは，他人のよくない言動や間違いを戒めとして自己の修養に役立てる，という意味である。このことわざのように，他人の失敗を通して自身が失敗をおかさないことを目指

---

† 肩付数字は巻末の引用・参考文献番号を表す。

したいのである。

以下に述べる「感激と記憶」,「経験が大事」,そして「失敗の経験」の各項目は,筆者の想いである。

1.1 感激と記憶

高校生のとき,古文の先生は言った。松尾芭蕉の「奥の細道」に収録されている俳句を覚えなさいと。

「閑さや岩にしみ入る蝉の声」

私が家族を持ったとき,夏休みの旅行として東北地方を選んだ。その際,山形の立石寺(山寺と言ったほうが,むしろとおりがよいだろう)にも立ち寄った。

山の頂には,有名な五大堂が仰ぎ見える。早く,そこから下界を眺望したい。しかし,少しだけきつい登山をしなければたどり着けない。まず,身支度を整える登山口の広場に行った。ここには,松尾芭蕉と弟子の曽良(そら)の像があり,「閑さや岩にしみ入る蝉の声」の句碑があった。高校生のときに覚えさせられた例の俳句である。いちべつした後,ゆっくりと山を登り始めた。新緑の木陰になる登山道とはいえ,それは夏の盛りである。たちまち汗が吹き出し,膝が震えてきた。そこで,しばしの休憩をとった。大きな陰をつくる屹立(きつりつ)した大岩盤のところだ。

荒い息を整えていると,蝉しぐれとなった。それは,高僧が奏でる読経のように聞こえた。抑揚の効いた読経が岩盤に吸い込まれていくようだった。それはもう,20年以上も前のことなのである。「岩にしみ入る」と芭蕉が詠んだことを,私も山寺で感じ取れた。このことは今でも忘れていない。

このようなプライベートな旅行の話から,普遍的な教訓を導き出したくはないが,つくづく人間は経験に左右される,強烈な感激は忘れようにも忘れられない記憶になると思っている。

1.2 経験が大事

　電磁気学は学生にとって難解な科目の一つである。この修得には苦労している。もし，登場する原理のすべてを，実験を通して逐一経験できたならば教育効果は抜群となろう。また，電子回路の書籍に登場する全回路を設計，製作，そして評価したならば，もう実際の開発の場面で使いものになる技術者になるはずだ。しかし，すべて実験という経験を通して，工学原理の理解を図る手間ひまは掛けられない。だから，効率の観点から，体系的に整理された書籍を使っての講義を学生たちが受講することになる。

　ここで，体系的であることには欠点がある。電子回路の講義では，能動素子としてトランジスタが扱われる。例えば，コレクタ-エミッタ間電圧やコレクタ電流の具体的な数値を使って，コレクタ損失を計算する演習問題を解く。もちろん，問題そのものに誤りなどはない。しかし，電子回路のデバックを行う初期段階で，実務家は数値を振り回した議論などはしない。「トランジスタのモールド部を指で触ると熱い。」，「鼻先にトランジスタを持ってきたとき焦げた匂いがある。」という皮膚感覚を介してコレクタ損失というものを実感する。しかる後に，定量的な取扱いに入っていく。「熱い」，「焦げた匂い」などのあいまいなことは，体系的であることを要件とするテキストには絶対に書けない。そうではあるが，「熱い」，「焦げた匂い」を経験することによって，トランジスタが何者であるかがわかる。わかったとき，次には定量的解析を行える能力が容易に身に付く。経験を通して，知識が血となり肉ともなるのだ。つまり，体系的な書籍では一般性を重視するため，生々しい個別的な記述を行うことはできない。そのため，身体感覚がない状態で，知識を頭に入れ込むため，苦痛を伴う勉強になってしまう。

　話は少し変わる。某電力会社の中堅社員の方が，「新人が電力会社に勤め続けて中堅クラスになっても電気の本質がわかっていない者がいる。」と話してくれたことがあった。電気工事は傘下の会社が行うシステムなので，実務体験

がまるでない。そのため，書類に記載された技術内容に実感が湧いてこない，というわけである。だから，「新人社員研修のときに，感電を体験させるメニューを用意してみたい。」と言う。いわんとすることは即座に理解できた。経験が知識の獲得およびこの運用において不可欠だと言われたのである。

1.3 失敗の経験

6.2節では，私の犯した「装置から白煙の事故」の内容を紹介している。もともとの原因は，オシロスコープの扱いに関する無知である。だから，オシロスコープのプローブを測定点に接続していく順番が違っている学生を見つけた場合には，私が無知であり，そのため大事故になった可能性もあった経験を隠すことなく話している。

さて，実験系の研究テーマでは，これを新人の学生に引き継がせることがある。この場合，後輩学生の独り立ちまで，先輩が横にべったりはりついて指導することを方針としている。この引き継ぎのときの実験指導の話が聞こえてきた。さすがに私が無知という話は省いてくれたが，オシロスコープの使い方に間違いがあったときの事故の可能性までを懇切丁寧に後輩に話をしていた。オシロスコープの扱いが間違っているという指摘だけに留まらなかったのである。そうして，白煙をあげる惨状の場面も，まるで体験したかのように語っていた。実体験のない学生が，私の経験を自分にものとして吸収してくれたのであり，私は大いに満足であった。

失敗が幾層にも重なったとき，事故にいたる。そのため，一つでも失敗を防ぐことができたならば，事故までの連鎖をそこで断ち切れる。怪我をせず，かつ損失が巨大にはならない程度の失敗は数多く経験すべきなのかもしれない。しかし，危害，大損害は絶対に避けねばならない。だから，生々しい失敗事例を通した擬似体験をしてもらいたいのである。

2. ボキャ貧と気づきの貧弱さ

ボキャ貧とは,「ボキャブラリー（語彙）が貧困」の略であり,コミュニケーション能力の低さをあざ笑う,あるいは自嘲するときに使用される俗語である。本章では,まず,ボキャ貧の実態を明らかにする。次に,ボキャ貧が招いた時間浪費の一例を紹介する。最後に,ボキャ貧と同類の気づきの貧弱さが招く失敗例を説明する。

蝶の羽ばたきが,巡りめぐって大きな現象を招くときこれを**バタフライ効果**と言う。ボキャ貧も気づきの貧弱さも,この効果を発現する引き金になる。

2.1 ボキャ貧の実態

研究室では,学生一人ごとに異なる研究テーマを与えている。数名の学生をグループにした場合,依存し合って卒業論文あるいは修士論文作成に向けた訓練が疎かになると思うからである。毎年20名弱の学生が在籍しており,各人の進捗を把握し,そして適切な指示を与えて研究を少しずつ進めねばならない。週1回開催する研究室全員のゼミだけでは,詳細を把握できない。そこで,学生と1対1のゼミを居室で頻繁に行っている。この中から,記憶にとどめる学生との会話を再現し,ボキャ貧の実態を明らかにする。

2.1.1 技術会話の例（電気電子関係の技術用語）

まじめに勉強している学生は,技術用語の意味を問う試験問題に対して容易に正解を出す。しかし,仕事を進める打合せの中でこそ,技術用語を自在に操ってほしい。

2. ボキャ貧と気づきの貧弱さ

【例1：電位（potential）】

先生：回路図面を見せなさい。ここの電位はどの程度か？

学生：……（無言）

先生：なぜ，黙っているの？

学生：「でんい」の意味がよく理解できないのです。

先生：簡単に言えば電圧のことだ。電磁気学の講義で必ず登場する専門用語だぞ。

【例2：重畳の理（law of superposition）】

先生：重畳の理を用いて，説明してみなさい。

学生：何のことですか？

先生：重ね合わせの理だ。足し算のことだよ。

学生：はじめから，重ね合わせ，と言ってくれればわかりました。

【例3：差動回路（difference circuit）】

先生：これは，差動回路の構造になっている。この回路を用いた実験データをまとめなさい。実験が複雑なので，Word で文章にしてきなさい。経過がわかるようにね。

後日，Word ファイル添付の e-mail を受信し，これをチェックした。おおむね良好であったが漢字の間違いがある。「差動回路」を「作動回路」と誤記していたが漢字の間違いはよくある。学生なので許してあげようと思った。

さて，実験レポートのチェックが一通り済んだこともあって，研究をより進捗させるために，学生を再び呼び出して新たな指示を与えた。指示後に，漢字の間違いについてちょっと指摘したところ以下のような返事があった。

学生：先生は「さどう」と言いました。つまり，回路が動作しているので，動作を作動とも言い換えることができますよね。

先生：う〜。

漢字の間違いは，じつは表層的なことだったのである。差動回路の有難い特徴を理解したうえで，実験をしたのではないことが，漢字の間違いから知ることができた。

さて，このようなことを経験したので，講義中にトランジスタを使った差動回路の説明をするときには特段の注意を学生に与える。

先生：トランジスタがたがいに向き合ったこの回路図（黒板に板書）を問題用紙に載せて，この回路名称を書かせる試験問題を出すかもしれない。「差動」という漢字が正解である。<u>差分の信号で動作する</u>という意味です。だから，「作動」という漢字をあててはならない。まさか「茶道」という漢字をあてる学生はいないとは思うがよく注意してください。くどいが，「差動」は，それはもう有難い動作をする大事な回路構造なのですよ。

間違いを強烈に意識させれば，その反作用として正解を答案用紙に記載するだろう。まるで生き仏のような配慮である。実際に出題したところ「差動回路」と記載すべき箇所に，あろうことか「茶道回路」と書いた学生がいた。思わず力を込めてバツをつけた。答案用紙は破けてしまった。

【例4：同期（どうき）（synchronization）】

先生：**同期させてデータをとれ。**

学生：わかりました。

数日後，指示に基づくデータが，自室に備えたプロジェクタから映し出された。そうして，実験データの説明が始まった。しかし，同期がとれていない。

先生：ゲート電圧，ドレイン電圧，そして超音波モータの回転速度を同期させろ，と言ったじゃないか！

学生：だから，二つずつデータをとりました。三つ同時にとることだとは思いませんでした。

先生：同期の意味をわかっているのか?!　二つずつデータをとることが同期と思っていたのか。実験のとき，4チャンネルオシロを使っていたじゃないか。どうして，2チャンごとのデータなのかわからん。三つ同時にデータがとれるオシロを使っていたのだぞ。

学生：そうでした。すみません。

【例5：フェイルセーフ（fail safe）】

先生：市販の装置には，フェイルセーフ機能が必ずついている。しかし，いま

扱っている5軸制御磁気軸受の実験装置には，安全対策がない。だから，実験から目を離してはいけない。

学生：……（無言）。

先生：わからないのか？ つまりだ，磁気軸受の電磁石に流す電流に異常があるとき，最悪の場合，発熱して火をふくことがある。このような異常事態が起こったとき，危険に至ることなく安全サイドに磁気軸受を停止させる設計をフェイルセーフと言うのだよ。

【例6：トレードオフ（trade-off）】

先生：**感度関数**と**相補感度関数**の間には**トレードオフ**の関係がある。

学生：「トレード」……ですか？ 野球選手の移籍のことをトレードと言いますが，たぶん違いますよね。

先生：トレードオフです。感度関数を良好にすれば相補感度関数が劣化し，反対に相補感度関数を良化すれば感度関数が悪化する，という関係がある。つまりだ，あちらを立てればこちらが立たずという関係をトレードオフと言う。試験の勉強のとき，勉強時間を確保することと，悪い友達から飲み会に誘われることの間にはトレードオフの関係があるでしょ。

【例7：負荷（load）】

先生：この電流アンプの**負荷**インピーダンスを計測しておきなさい。

学生：「ふか」……ですか？ 付け加えるという意味ですか？

先生：徳川家康は言いました。「**人の一生は，重荷を負うて遠き道を行くが如し**」とねェ。

学生：……（無言）。

先生：話を戻す。出力を取り出す部分のことを負荷と呼ぶのだよ。モータの一種であるサーボバルブのアクチュエータはコイルだ。この抵抗とインダクタンスを **LCR** メータで計測しなさいという指示です。

【例8：電解コンデンサ（electrolytic condenser）】

学生たちは，抵抗 R，コンデンサ C，そしてインダクタンス L を使ったさまざまな電気・電子回路の演習をこなし，その成果を試験で発揮して単位を取得

する。そして，研究室に配属される。

学生：オペアンプの出力にノイズがのります。

先生：電源フィルタを入れよう。47Ωの抵抗と，10μFの**電解**を部品箱から持ってきなさい。

学生：「でんかい」……ですか？

先生：円筒の形をしたあれだよ。

学生：見たことがありません。

先生：（部品箱から取り出して）これだ。極性付きコンデンサであり，**電解コンデンサ**と言うのだよ。

【例9：金皮抵抗，金属皮膜抵抗（fixed metal film resistor）】

研究室の部品箱にある抵抗器の種類は，ほとんど**炭素皮膜**である。電子回路によっては，炭素皮膜抵抗よりも精度が高く，かつ温度特性に優れる**金属皮膜抵抗**を使わねばならないことがある。もちろん，金属皮膜抵抗は高価となる。

先生：この**積分回路**は機能として重要なので，価格が高いオペアンプを使っている。時定数を決める抵抗には，**金皮**を使おう。

学生：きんぴ，きんぴか……。

先生：「きんぴか」は浅田次郎の小説です。

学生：……（無言）。

先生：**金属皮膜抵抗**のことです。読みが長いとまどろっこしいので省略して金皮あるいは金皮抵抗と言っている。

【例10：バイアス（bias）】

日常生活の場面で「バイアスがかかった見方」と言ったら，偏見を持って判断するという意味である。電気分野でも「バイアスをかける」という言い方がある。

講義の成果を，すなわち試験結果を見ると，「バイアスをかける」の意味を学生たちは理解していないふしがある。実際にも，研究室配属後に研究テーマを進める際，バイアスの意味を理解していないための押し問答が繰り広げられる。

先生：**ピエゾ素子**の駆動電圧は0～100Vだ。だから，50Vのバイアスをかけて使ってくれ。

学生：「ばいあす」‥‥‥ですか？

先生：そうだ，バイアスだ。意味がわからないのか？

学生：すみません。

先生：ミニ四駆のおもちゃで遊んだことはあるはずだ。このモータに正の電流を流して時計方向に回転したとする。電池の極性を入れ替えて電流の向きを逆にすると，反時計方向に回転することになる。そうだろ。

学生：わかります。そのような簡単なことは。

先生：ところが，ピエゾ素子の場合はそうはいかない。この素子は正の電圧を印加したときに伸びが発生する。しかし，負の電圧を印加しても縮んではくれない。だから，あらかじめ50Vを印加しておき，伸ばした状態を基準にする。ここに，-10Vの信号が入ってくると50-10=40〔V〕となって，ピエゾは縮む。+10Vの信号が入ると60Vとなって，50Vのときを基準にして伸びることになる。

学生：わかりました。しかし，どのようにバイアス50Vを印加するのですか？

先生：それはね。加算端子を設けてね‥‥‥（長くなるので割愛）。

　トランジスタを使用の場合，「バイアスをかける」の意味は，次のとおりである。

「トランジスタの動作点を定めるために電圧を加えることであり，この電圧のことをバイアス（電圧）と呼ぶ。そして，この動作点のまわりで信号を与えることになる。」

　ここで，「適切にバイアスをかける」ということを，地面からの鉄棒の高さで表現してみよう。図2.1(a)のように適切なバイアスのとき，すなわち適切な高さの鉄棒のとき，ここで大車輪を演じ切ることができる。しかし，図(b)の適切な高さではない場合，大車輪を行うことはできない。大車輪を電気信号に置き換えれば，バイアスが不適切なときには，信号が自在に動き回れ

図 2.1 鉄棒の高さとバイアス

ないことになる。

そして，鉄棒の高さが揺れる，あるいは時間を掛けて変動すると，綺麗な大車輪は演じられない。同様のことが，トランジスタのバイアス回路でも言える。バイアスで定めた動作点は，温度や製品のばらつきによって変化してはならない。

2.1.2 技術会話の例（機械関係の技術用語）

電気電子系の学生あるいは技術者でも，専門分野以外の技術用語は知っておきたい。ここでは，機械関係の技術用語の理解不足によって，仕事がスムーズに行えなかった事例を紹介する。

【例 1：イナーシャ（inertia）】

先生：仕様書から，DC モータのイナーシャの値を探しておきなさい。シミュレーションの数値として必要だ。

学生：「いなーしゃ」とはなんですか？

先生：学部生のとき，力学の講義は必修だったよね。この授業の中で必ず演習問題を解いたはずだ。

学生：いいえ，力学の講義には出てこなかった用語です。

先生：そんなわけがあるかい。例えば，円柱物体の**慣性**モーメントを求める演習は基本的な問題となっている。

学生：イナーシャとは慣性モーメントのことなのですか？

先生：そうだ。慣性モーメントなんて言っていたら，舌を噛んでしまうだろ。だから，研究開発の現場ではイナーシャという言い方が普通なのだ。

【例2：ベアリング（bearing）】

学生：位置決めステージの**周波数応答**を計測したいと思います。

先生：計測は許しません。正弦波を使った周波数応答は，機械にとっては過酷な試験である。頻繁にこの試験を行うと**ベアリング（軸受）**を痛めてしまう。

学生：「べありんぐ」……ですか？　どこにあるのですか？

先生：いままで，あのステージを使って実験してきたじゃないか。ベアリングが入っていることも知らなかったのか？

学生：すみません。

先生：動くものには，これを支えるためにベアリングが組み込まれている。高級自動車の中には，100台近いモータが使われている。すべてのモータにベアリングが入っている。いわば産業の基盤的部品だ[1]。

　上記の会話例に登場した学生に限ることなく，研究室に配属されるほとんどの学生がベアリングの用語を使った会話についていけない。そこで，ベアリング会社にベアリングの**カットモデル**の提供をお願いした。**図2.2**は**玉軸受**の写真である。そして，モータ専門メーカーには，**誘導モータ**のカットモデル（**図2.3**）の提供をお願いした。講義中，「玉軸受には**内輪**と**外輪**がある。内輪と外輪に設けた軌道の中にパチンコ玉のような形状の**転動体**が入っている。」と言いながら下手な漫画を描く。さらに，「このような軸受がモータシャフト

図2.2　玉軸受のカットモデル

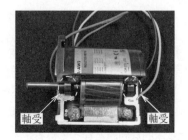

図2.3　誘導モータのカットモデル

の両端に，荷重を支持するために入っている。」とも解説する。このような説明よりも，図2.2，図2.3の実物を見せたほうが，学生の理解にとって効果的であった。

【例3：ダンピング（damping）】
学生：機械がブルブルと振動しています。
先生：ゴムを使ってダンピングをかけなさい。
学生：「だんぴんぐ」……ですかァ。なんのことですか？
先生：微分方程式の講義は必修だったね。ここで，力学系の運動方程式を立てて，解を求める演習があったはずだ。
学生：そうですかァ。覚えていません。
先生：質量を M，粘性比例係数を D，そしてばね定数を K とおいたとき，運動方程式の右辺は $M\ddot{x}+D\dot{x}+Kx$ となる。速度 $\dot{x}$ に比例する項をダンピングといい，モノの動きを抑えるように作用するのだよ。
学生：そうでした。思い出しました。

【例4：クリアランス（clearance）】
学生：実験に使う**治具**の機械図面を描きました。これから機械工場で加工します。
先生：図面を見せなさい。直径 8 mm のアルミ棒を，同じ直径の貫通穴には挿入できないから**クリアランス**を設けなさい。
学生：「くりあらんす」とは何のことですかァ。
先生：「**すきま**」のことです。

【例5：工具名称のポンチ（punch）】
　ハンドドリルを使ってアルミ板に穴をあける。この場面での学生との会話である。
学生：ドリル先端がアルミ板の上で滑ります。位置がずれた穴をあけてしまいそうです。
先生：工具箱から**ポンチ**を持ってきなさい。
学生：それは正式な言葉ですか？　「いかれぽんち」という言葉はありますが。

先生：本当は，**センタポンチ**（**center punch**）と言う。ドリルで穴開けをする場合，ドリルの先端が滑って逃げないように，穴の中心を決めるための工具です（図 2.4）。

図 2.4　センタポンチ

【例 6：工具名称の**モンキーレンチ**（**monkey wrench**）】

ボルトを使って，分解した装置を再び組み立てる作業の場面である。

先生：これからボルト締めを行う。工具棚から**モンキー**（図 2.5）を持ってきなさい。

学生：もちろん，お猿のことではないし……。「もんきー」とはなんですか？

先生：正式には**モンキーレンチ**と呼ばれている。

学生：探しますので，どのような形の工具ですか？

先生：使った経験がないのか？

学生：経験がありません。

図 2.5　モンキーレンチによるねじ回し

【例 7：工具名称の**リーマ**（**reamer**）】

アルミ板に穴あけをして，治具を製作している場面のことである。

先生：穴径が少しだけ小さかった。もう少し大きくしたい。工具箱にリーマが

入っている。持ってきてちょうだい。

学生：……（無言）。

先生：穴径を大きくするために，ぐりぐりと削る あの工具（**図2.6**）だよ。

学生：知りません。

先生：（図2.6を工具箱から持ってきて）これだよ。金属板にあけた穴を削り取って拡大し，形状を整えるために使用するものです。

図2.6　リ　ー　マ

【例8：工具名称の**六角レンチ**（hex wrench, hexagon socket screw key）】
機器組み立てのため，六角ボルトで締め込み作業をする場面のことである。

先生：**六角**を持ってきて。

学生：……（無言）。

先生：この穴を見なさい。六角の穴付きボルトでしょ。これを締め込むのですよ。そのための工具です。**六角レンチ**（**図2.7**）を持ってきなさいという指示です。

学生：見たことがないのです。

図2.7　六角レンチ

【例9：工具名称のノギス（caliper, vernier calipers）】
先生：工具棚から，ノギスを持ってきて寸法を測りなさい。
学生：わかりました。

　ポンチ，モンキー，リーマ，六角レンチの形状を知らない学生は多い。しかし，研究室運営の中で，ノギス（**図2.8**(a)）を知らない学生は皆無である。しかし，知ってはいるが，豊富な計測経験はない。このことを頭に入れておかないと，とんでもない計測結果を出す。

（a）　ノギス(計測中)

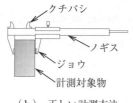 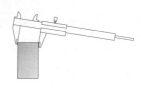

（b）　正しい計測方法　　　　　　　（c）　間違った計測方法

図2.8　ノギスと測定方法

　図(b)が正しい計測方法である。「ジョウ」の中央部を使って，計測対象物と接する面積を広くとる。一方，図(c)の場合，計測対象物と接する面積が狭く，そのためノギスを斜めに当てやすい。そのため，正しい計測結果が得られない。

【例10：工具名称のマイクロメータ（micrometer）】
先生：ここにギャップ調整用の薄い板が挿入されている。この厚みを測っておいて。
学生：ノギスを使えばよいでしょうか。
先生：いや，薄い板なのでマイクロで測りなさい。工具棚にある。持ってきな

さい。

学生：「まいくろ」……ですか。単位のミクロンメートル〔μm〕をマイクロとも言いますが。もちろん，単位のことではないことはわかります。

先生：正式には**マイクロメータ**（**図2.9**）と言うが，工具棚にあるはずだ。探してくれ。

学生：探したいのですが，マイクロメータの形を知りません。

図2.9　マイクロメータ

【例11：工具名称の**ピンセット**（**pincet**（オランダ語），**tweezers**（英語））】

さすがに，**ピンセット**はすべての学生が知っている。しかし，生物の解剖授業でしか使わないとでも思っていたようだ。電子基板に配線を半田付けする場面のことである。

先生：おいおい，指で配線をつまんで，それを基板に半田付けなどはできないよ。ピンセットを使いなさい。

学生：わかりました。

先生：工具箱にあるので，それを使いなさい。

　最初に選び出したピンセットは**図2.10**（a）のものである。柄が長く，しかも先端が変形している。汚物をつまみ上げるには便利かもしれないが，半田付け作業には適さない。再度，ピンセットを選び直しなさいと言った。

　次に，図（b）のピンセットを選んだ。精密作業に適するので，これを使用するように指示した。ただし，ピンセット先端が少しだけ変形しておりベストではない。しかし，配線をつまみ，これを半田付け箇所に固定する作業には支障がない。なお，図（c）は自分専用のピンセットである。しなやかに開閉するし，先端のかみ合わせは良好である。紛失してもらっては困るので，学生には絶対に貸さない。

2. ボキャ貧と気づきの貧弱さ

(a) 先端が変形，柄が長い

(b) 先端が変形

(c) 愛用品

図 2.10　ピンセット

　半田付け作業のとき，半田ごてを右手（左手）に持ち，左手（右手）の親指と人差し指の間にピンセットを挟む。左手（右手）の指先が徐々に変態してピンセットになったと考えてみよう。そうして，刃先で細い配線を確実につかみ，ときには刃先で不要な半田を蹴散らす作業を行うのである。だから，精密作業をするという前提で，ピンセットを選ぶポイントは以下の三つである。

（1）　ピンセットを閉じるとき，力を要するものは精密作業には適していない。このようなピンセットを使い続けると，親指のつけ根の部分（金星丘(きんせいきゅう)）が疲労してくるからだ。だから，軽いつまみ力でピンセットを閉じることができるものがよい。

（2）　ピンセット先端の刃先が，ピタリと合うものがよい。閉じる力を強く入れたとき，刃先がずれるものは不適切である。

（3）　上記（2）と関連するが，ピンセットを使い続けたとき，刃先が変形するものは不適である。ピンセットの刃先を下にして床に落としてみよう。柔らかい床の場合には突き刺さる。これを引く抜いたとき，刃先がまったく変形しないものは高級品であり，長期にわたって愛用できる。

【例 12：バリ取り（deburr）】

学生：アルミ板にハンドドリルで穴を開けました。これから，機構部品を取り付けます。

先生：バリ取りをしたのか？

学生：……（無言）。

先生：仕事はバリバリやって，ということだよ。

学生：……（無言）。

先生：話を戻す。材料を切るあるいは削ったとき，材料の角のところに出っ張りが生じる。指で角のところをなぞってごらん。

学生：そうですね。ざらざらしています。

先生：このバリを除去しておかねばならない。

学生：ヤスリを使えばよいですか？

先生：丁寧にヤスリを掛けることもできる。簡単には，アルミにあけた穴のドリル径よりも大きなドリルを穴の角のところに当てて一回転させる。そうするバリが削り取れる。

2.1.3 話し方・聞き方の問題

話し方および聞き方には，技術者らしさ，あるいは研究者然としたものがある。以下に述べる例のようでは，まだまだ訓練が足りない。

【例1：言い訳】

結論を最初に話さず，言い訳から話を始める学生が多い。そのため，次のアクションが考えられない。

先生：昨日の実験結果を報告しなさい。

学生：昨日は，○○君が実験しており，私は待っていたのですが，バイトがあったため5時過ぎには帰宅しました。今日，装置を使用するための予約表を見て，それから実験を行います。

先生：結局のところ何なの？　わかっているが。言ってごらん。

学生：だから，昨日の実験はやっていないので，今日一生懸命にやります。

先生：言い訳では仕事が進まない。最初に，実験を行っていませんと言いなさい。それから，理由を言うのです。

次に，学生を入れ替えて，研究の進み具合を話し合う二人目の個人ゼミに入った。終了後に，女子学生に気持ちを漏らした。

先生：私は結論を最初に知りたいのだ。その後に理由を説明してくれれば，話を聞きながら次の一手を考えられるだろ。そう思わないか。

女子学生：男性は「結論」を最初に話す。ところが，女性の場合は「物語」のように話をしたいのです。「過程」をものすごく大事にしています。

先生：面白い分析だね。

女子学生：本によれば，脳構造の違いのためと言われています。よく知られていることですよ（先生，知らなかったのですか！）。

先生：でも，最初にわけがわからん理由から入って，最後に結論を言ったのは先ほどの男子学生だ。

【例2：報連相の欠如（その1）】

先生：おお，実験をやっているじゃないか。

学生：ええ，先生と話し合ったアイディアを試す実験をやっています。

先生：今日は金曜日だ。データをまとめて来週の月曜日には報告してくれ。

学生：わかりました。

　月曜日になったが，報告の時間までは指定していない。だから，学生に報告を促す催促はしなかった。実験データの整理中と思ったのだ。しかし，帰宅時間になっても，報告したいという学生の申し出がない。しびれを切らして学生に問い合わせた。

先生：どうしたの，実験報告がないじゃないか。忘れたのか？

学生：実験がうまくいかなかったので，報告できるデータがないのです。

先生：どのようにうまくいかないのかを報告するべきでしょ。

学生：良いデータではないのです。

先生：良いデータとか悪いデータなどと勝手に判断するのではない！　悪いデータの中に真実が隠れているかもしれないのだよ。そして，報告の約束をしたのだから，報告すべきでしょ。

【例3：報連相の欠如（その2）】

企業担当者：〇〇君の就職面接の結果を報告いたします。**ES（エントリーシート）はよく書けています。しかし，コミュニケーション不足であり，会社に入って一緒に仕事ができるかどうか心配です。ですので，残念ながら不合格とさせていただきます。**

このような電話が就職担当教員の私に入ってきた。

私：随分と就職面接の指導は行いました。私も残念です。時間を掛けると、なかなか良い話が引き出せます。引き出すまでに相当の時間が掛かり、ここが欠点であることは確かです。

企業担当者：先生も指導されたのですね。最初の面談に比べると随分と話ができるようになったと感じていました。まず、先生に連絡を差し上げ、次に本人にも不合格の連絡を致します。

私：ご連絡に感謝します。では、よろしくお願い致します。

　就職試験の結果は、合格・不合格ともに就職担当に報告しなさい。このように学生に通達している。しかし、企業から電話を受けた後、当該の学生自身から不合格の報告はない。企業担当者より、先生には連絡済みと知らされているから、自分から先生のところにわざわざ出向き、嬉しくもない結果を報告するまでもないという理屈である。

　しかし、先生に報告できないという行動力のなさが、就職面接で合格をもらえないコミュニケーション不足そのものなのだ。「先生も知っていると思いますが、先日の就職試験は不合格でした。」という報告が自然にできたとき、彼のコミュニケーション不足はしだいに氷解していくのであろう。

【例4：メモ魔の実態】

　発言内容を丁寧にメモする。一見すると好ましいと思える。しかし、人の話をよく聞き取り、そして考えることが疎かになっている。相手から、そのように見られてしまうであろう。

　実験データを整理しなさい、これをわかりやすい図面にしなさい、そしてデータに基づき現象を説明しなさい。このような指示を学生にする。難しいことはなに一つ言っていない。しかし、指示内容のかけらもできない学生がいた。この報告日だけは忘れていない。わかりやすい図面作成の要求にもかかわらず、学生の報告内容は指示とは異なる。これを指摘すると、肝心の要求事項は忘れましたという有様である。

先生：指示した内容の報告ではない。まったくポイント外れだ。なにを聞いて

いるのだ。聞き逃したとは言わせないぞ。

学生：すみません。忘れていました。

先生：どうして？　忘れるはずがないじゃないか。いまの実験トラブルはたった一つだ。ほかにはない。忘れるわけがないじゃないか。

学生：そうでした。じつは，先生に指示された実験方法がよく理解できなかったのです。

先生：わからなければ質問すればよいじゃないのか。

学生：……。すみません。これから指示の内容をやります。

　この手のやり取りがもう何度も繰り返される。業を煮やしたので，罵声に近い叱責をした。そうすると，次には，私の発言をすべてノートにメモする行動にでた。それでもまだ，指示内容とはポイントがずれる。さらに沸騰した私である。この沸騰の顔を見て，恐れをなしたのかもしれない。

　その次には，電子機器を持ち出した。筆箱の隣に，プレゼンテーションのときに使用するポインタのような形状の機器がある。近眼のため，なんだろうとは思っていた。すると，スイッチ操作のため，私の発言の開始を指定するではないか。これにより，発言をそのまま録音する機器のICレコーダとわかった。

　このとき，まず，恐怖を感じた。沸騰しながら学生に指示している最中に，紳士的な言葉づかいであろうはずがない。発言の断片だけを取り出して，私を攻撃する材料にされてはかなわないからだ。次に，あきれたというか情けなくなった。録音を要するほど複雑な説明や指示は一切していない。「再現性を確認するため，もう一度実験をしなさい。」，「実験結果がまったく理解できないので，条件を明らかにしないさい。」という明々白々なことだけだ。だから，即座にICレコーダの使用を中止させた。

　さて，就職担当教員のとき，ある企業から献本があった。この中に，メモ魔に関する著者の観察と考えが記述してある。どこにもメモ魔はおり，業務遂行のときの問題行動と見て良いようだ。以下に抜粋する。

> なおオウム返しに類似する要注意タイプとして「メモ魔」の部下も指摘しておきたい。メモを綺麗に取るだけで，すっかり仕事をした気になってしまうタ

イプで，たぶん受験のときも内実よりノート作りに熱中したクチではないかと思う。

　このタイプは会議中でもやたらにメモを取るが，そんなのに限って2ページも3ページも書きながら，肝心要のことを書き忘れたり，覚えていなかったりして，会議でやるべきこととして決まったことが実行できなかったりするものだ。

〔酒巻　久：リーダーにとって大切なことは，すべて課長時代に学べる―はじめて部下を持った君に贈る62の言葉―，p.102，朝日新聞出版（2012）より〕[2)]

　すでに，頭は沈静化した。振り返ってみると，もしかしたら，彼は日本語がわからなかったのかもしれない，と思っている。もちろん，生粋の日本人であるが，言語の理解ができなかった。だから，数々の失敗の実験結果を積み上げたのだ。このように結論したとき，すべての行動が了解されてしまう。

2.1.4　日常会話の例（話が途切れる語彙の貧弱さ）

　何気ない日常会話が弾んでいったとき，世間が少しだけひろがり，回りまわって新しい出会いにもつながることがある。あるいは，専門分野そのものにも，好ましい影響を及ぼすはずだ。このようなとき，アドレナリンが放出されて，脳は喜ぶ。一方，語彙の説明にだけ時間を費やされる日常会話の有様では，このような発展性は期待できない。スムーズな日常会話ができないと相手に判断されたとき，専門分野の話までもが深みを欠くものとなろう。

【例1：発奮（はっぷん）】

先生：就職先も決まったので，**発奮**して研究をやろうじゃないか。

学生：英語の"happen"のことを言われたのですか？

先生：英語だってェ？　何の関係があるのだ。私をバカにしているのか！

学生：そのようなことではありません。聞きなれない言葉なので……わからないのです。

先生：え～と，気持ちを新たにして元気に研究をやろう，ということだよ。なんでこんな説明をしなければならないのか。さてと，話を戻す。

【例2：汎用的(はんようてき)】

先生：研究テーマの実験装置は，産業界でも**汎用的**に使われている。

学生：……（無言）。

先生：どうした？　意味がわからないのか？　汎用とは，応用範囲が幅広いという意味だよ。漢字は書けるのか？

学生：「ぼんよう」と読み間違えてしまいがちな漢字でしたァ。

先生：そうです。

【例3：言質(げんち)】

先生：メーカーの方に来学していただき，測定機器の取扱いに関する説明をお願いしたのか？

学生：やりました。

先生：来学していただき取扱いの説明を受けた後に，ほしいデータもついでにとってしまう。だから，説明時間だけでなく，実際の装置を使っての計測時間も掛かる。このことの**言質**をとったのか？

学生：「げんち」とはなんのことですか。場所の「現地」のことではないし……。

先生：約束の意味です。

学生：難しい言い方でなく，簡単に言ってください。

【例4：遺恨(いこん)】

学生：先生の言われることもわかります。でも，実験データの整理があるし，バイトも入れています。そして，明日は友達と遊びの約束をしています。

先生：原稿提出の締切りを守るための指示に対して，随分と反抗するではないか。なにか**遺恨**でもあるのか？

学生：……（無言）。「イコン」ですか？　映画の中に出てきた言葉ですかァ。

先生：遺恨です。いままでの私の指導の不満が積み重なって，深い恨みとなっているのかと言ったのです。

学生：そんなァ，恨みなんてありません。

先生：さて，話を戻して……。自分のやりたいことだけはすべて入れ込み，だ

から仕事はできない，と言っている．プライベートなことを優先している．わがままだ．優先順位をつけるしかないじゃないか．

【例5：ポンチ絵】

先生：君のデータの解釈に間違いはない．しかし，言葉だけの説明ではわかりにくい．ほかの学生は理解できない．だから，**ポンチ絵を描きなさい**．

学生：「ぽんち」ですかァ．なんのことですか？

先生：概略図面のことです．

【例6：連記（れんき）】

先生：講義の出席調査用の小テスト用紙が不足している．受け取れなかった学生さんは，用紙を持つ学生の名前の横に自分の名前を**連記**しなさい．

学生：（最前列に座る学生が）あの〜，出欠調査の紙がないのです．どうすればよいですか．

先生：名前を連記しなさいといま言ったでしょ．

学生：「れんき」とはどのようなことですか？

先生：用紙を持つ学生の名前の横に，自分の名前を連ねて書きなさい，ということです．

学生：（つぶやくように）はじめから，簡単に言ってくれればよいのに．

【例7：出家（しゅっけ）】

熊本市で開催の研究会に，学生とともに出席したときのことである．研究会開催前の空き時間を使って，久しぶりに熊本城を見学した．「熊本城おもてなし武将隊」および学生たちと無邪気に記念撮影した．この帰路に黒田官兵衛（くろだかんべえ）の名前入り立て看板があった．

学生：NHK大河ドラマの黒田官兵衛のことですね．

先生：そうだね．黒田官兵衛孝高（よしたか）という人物のことは知っているのか？

学生：いえ知りません．これからドラマを見ます．

先生：豊臣秀吉の大出世に大きく貢献した天才軍師だ．つまり，参謀だ．ところが，秀吉の晩年のころには報われなかった．

学生：……（無言）．

先生：あまりの天才ぶりに，秀吉が嫉妬したのだ[3]。この嫉妬が昂じたとき，自分は抹殺されかねない。このように感じ取った黒田官兵衛は，天下をかすめ取ろうという野望がないことを秀吉に行動で示す。彼は**出家**して如水（じょすい）と名乗るのだ。

学生：「しゅっけ」とは？

先生：坊主になることだ。下品な言い方を改めれば，仏門に入る，ということです。

学生：先生はもの知りですねェ。

先生：知識をひけらかすための話ではないのだ。君が会社に入社したとき，上手に「嫉妬」と付き合わねばないない。このことまで話を展開させたかったのだ。

【例8：禍福（かふく）はあざなえる縄のごとし（格言）】

　各人に研究テーマを設定したとき，思いのほか進捗する場合とそうでない場合がある。前者の場合で，人前で主張できる研究レベルと判断のとき，学会発表しなさいと学生に指示する。自身のスキルをあげる晴れ舞台だと学生は了解している。だから，嬉々として学会発表に向けた準備を行う。

　一方，後者の場合，すなわち研究テーマの設定時点では，素直に進捗すると思っていたものの，意外にはかばかしくないことがある。学生の怠惰ではなく，例えば実験機材が故障すると，その修復に時間を要するからだ。実験機材の修復過程を実況放送のように学会で報告させられはしない。そのため，同期の学生が学会発表するにもかかわらず，自分だけが取り残される。

先生：修復作業はどうなっているの？

学生：昨日，機械工場で穴あけを行いました。ところが，研究室にはボルトがないのです。

先生：買いましょう。いま電話注文すれば，明日の昼ごろには納入される。

学生：じつは，穴あけのほかにまだ機械加工があるのですが，材料が足りないのです。悪いことに，明日は機械工場に実習が入っており，担当者から加工に付き合えないと言われました。

先生：材料がなければ加工はできない。明日に納入というわけにもいかない。材料を購入してから，機械工場に加工の予約を取るしかない。また材料の納入日は，業者に聞いてみなければわからないし，完了までにもう少し時間が掛かるな。

このように，モノの手配，納入，そして加工という作業は，一直線には進まない。実験機材の修復を担当する学生の憔悴(しょうすい)は見た目にも明らかだ。意気消沈が行き過ぎないようにしなければならない。

先生：いま，君はモノづくりをしている。じつは，メーカーに入ったときには一番重要な仕事なのだよ。きっと，いまの経験が役に立つので踏ん張ってちょうだい。「禍福はあざなえる縄のごとし」，「**艱難汝を玉にす**(かんなん)」ということだよ。

学生：……（無言）。

先生：励ましているのに，意味がかわらないのか？

学生：なんとなくしかわかりません。

先生：「禍(か)」とは不幸なこと「福(ふく)」は幸福なことであり，不幸と幸福は縄のように巡るという意味だよ。

学生：では，学会発表できる○○君は，いま「福」なのですか。そして，次には「禍」となるってことですかァ。

先生：学会発表は学生さんのスキルを上げる良い舞台だ。締切りが決められており，これに向かって研究を仕上げる訓練になるからだ。スキルの一つが磨かれることは確かだ。しかし，○○君の研究成果は，もちろん本人も頑張ったが先輩の仕事を引き継ぎしたものだ。すべて自分がやったのだと誤認したならば，彼の次の段階では苦労するかもしれない。

【例9：人は石垣，人は城（格言：武田信玄の軍学書，甲陽軍鑑）】

学生：○○会社の就職面接に行きます。そこで，ESの添削をお願いします。

先生：どれどれ見せて。ところで，この会社を希望する理由はなに？

学生：儲けを出していると聞いています。それに，福利厚生施設も充実しているし，なんと言っても本社ビルが綺麗なのです。

先生：福利厚生施設なんてものは，頻繁に利用することはない。だから，メリットにはならない。本社ビルが綺麗という観点でなんか会社を選んではいけない。「**人は石垣，人は城**」というポイントがほしいなァ。

学生：……（無言）。

先生：比喩がわからないのか？　戦(いくさ)の勝敗は堅固な城ではなく，人の力そのものである，という意味です。

学生：……（無言）。

先生：本当はね，夢中で仕事ができる会社が素敵だと思っている，と言いたかったのだ。最初にお仕えした上司は，しばしば強権を発動した。若気の至りでまったく理解できず，随分と恨んだものだ。しかし，育ててもらったといまでは感謝している。

【例10：守銭奴(しゅせんど)】

学生が記入する書類には，指導教員の署名と押印を要するものがある。例えば，学会発表のときの出張届である。ほかに，外部公表申請書や旅行帯同依頼書などの書類にも押印を要する。学生数名を連れていく遠足状態の国内開催会議の場合，出張前の書類枚数は人数に比例して多くなる。この場合，ひとまとめの処理が好都合である。署名，押印，そして必要事項の記載を連続的に行えるからだ。だから，出張予定の学生たちには，「〇月〇日までに書類を提出しなさい。」と指示する。しかし，この手の指示が守られたためしはない。

さて，学会発表を行った在籍学生に褒賞金(ほうしょう)を出す，という通達があった。申請ファイルがメール添付されていたので，これを開いた。学会情報を記載させ，その後に指導教員の署名と捺印を行う書類である。早朝の電子メールであり，これを即座に学生全員に転送しておいた。なんと，昼食前には，対象となる学生全員の書類が私に提出された。

先生：いままで，催促しなければ提出物を出したためしがない。なぜ，今回の書類に限って，提出がこのように早いのだ？

学生：お金にかかわることですから当然です。

先生：**守銭奴**だなァ。

2.1 ボキャ貧の実態

学生：……（無言）。

先生：「しゅせんど」という言葉がわからないのか？

学生：そうです。

先生：それはねェ。お金をため込むことだけに心を砕く人のことを指すのです。

学生：お金は大事と思いますが……。

先生：当然です。しかし，一見するとお金とは無縁と思い込んでしまう提出物がある。この締切を守らないことも，回りまわってお金の面でも損をする。目の前のお金のことだけにこだわってほしくないのだよ。このことに気がついてほしいということまで言いたいのです。出せと言われた提出物は期限通りに出さねばなりません。

【例11：唯我独尊(ゆいがどくそん)】

学生：夏休みには，休みたいのです。

先生：当然と言いたいところだが，修士学生の場合，夏休み期間のすべてが休みと勘違いしてはならない。夏休みでも研究テーマを進めて君のスキルを高めるのだ。もちろん，若いので旅行ぐらいは許している。休んで何をするの？

学生：京都に行って，お経を読む修行をするのです。

先生：え〜，技術者をあきらめてお坊さんになるのか？

学生：いえ違います。事情があって，研修を受けたいのです。

先生：わかった。ところで，お経を読むからには，ブッダのことは勉強しているのだろうねェ。生まれ落ちて数日後に，七歩あるいて天地を指して「天上(てんじょう)天下(てんげ)唯我独尊」と言われた。

学生：「ゆいがどくそん」……ですかァ。どこかで聞いたような。

先生：修行前の下準備がなっていない。修行中止だ。休みはあげませ〜ん。

学生：いやァ，困ります。

先生：国語辞典には，自分だけが偉いとうぬぼれること，という解説があるはずだ。悪い意味になっている。しかしだ，君はどのように思う？　衆生済(しゅじょうさい)

度のためにお生まれになったブッダが俺様は偉いのだ，なんて言うのであろうか。

学生：……（無言）。

先生：「この世に生まれ落ちた私の命。たった一つしかない命だ。だから，尊いのである」[4)] という解釈がある。こちらのほうがなるほどと思わないか。

学生：……（無言）。

先生：たかが仕事，されど仕事である。仕事がうまくいかないことに悩んで，命を全うできなかった例を知っている。余計なお世話かもしれんが，仕事は一生懸命しなければならんが，たかが仕事だ，と言いたかったのです。

【例12：医食同源（いしょくどうげん）】

先生：昨日も，今日も，激辛カップラーメンでランチだなァ。しかし，もっといろいろな食事をしなくてはいけない。

学生：お金がないのです。そしてこのラーメンが好きなのです。

先生：毎日の食事は，積み重ねられていく。偏ってしまうと，ボディブローのように身体に影響する。**医食同源**だ。

学生：いしょくどうげん？　う～，道元（どうげん）和尚……。

先生：道元禅師は「**只管打坐**（しかんたざ）」と言われたのです。医食同源とは，日々の食事は，身体を維持し健康を保つために大切だという意味です。

学生：……。

先生：粗末な食事でも，若いときの体力は身体を持ちこたえさせてくれる。しかし，いまからしっかりと食事をして，これから入社する会社でバリバリと働いてほしいということを医食同源という言葉に込めたのだよ。

【番外編：努力，一生懸命，徹底的，効率的，興味，など（話は途切れないし意味は通じるが）】

　就職試験の本番前に，学生はESを準備しなければならない。これは，「学生時代に頑張ったことはなんですか？」，「当社を希望する理由を述べてください。」などの問いに対して回答する作文シートのことである。この季節になると，しばしば学生からESの添削を頼まれる。添削にあたって，学生の気持ち

を捻じ曲げることは一切しない。ESに書く文章は，企業の担当者にお話しをする手段であるから，相手にわかるか否かの観点で添削する。

いくつかの例は，次のようなものだ。いずれの一文も，正しいことを言っている。確かに正論である。しかし，中身がまったくない。これではコミュニケーションはとれない。

- ・御社の中で，一流の技術者になれるように努力したい。
- ・御社の〇〇部門で，一生懸命に仕事をしたいと思います。
- ・研究でわからないことがあると，先生と徹底的に議論した。
- ・アルバイトと両立させるために，研究を効率的に行いました。
- ・〇〇の製品を持っており，この技術開発に興味がある。

そう，この「興味」の漢字が問題なのです。この二字を，もう頻繁に安易に使いたがる。なぜ，安易に使ってはいけないのか。それは，女性をデートに誘う場面で「興味」を使ったときにわかると思う。

男：木村さん，僕はあなたに興味があります。お付き合いできますでしょうか。

これでは，まったく気持ちの悪い文句だ。興味の中味は，相手の女性にさっぱり伝わらない。しかし，次のように，言い直してみよう。

男：多江さんの意外な見方が，とても面白い。話を聞いていると，いつも顔が緩んでしまいます。チャーミングな考えですねェ。もっと，お話をしませんか。

お付き合いできることはもう間違いない。上記の比喩は，就職面接試験でなかなか合格をもらえない学生に対して実際に用いる。面接会場で「興味」と回答した本人自身が，振り返らせるとこれを具体的にとらえていないことに気づく。いわんや，面接者の共感も得られないとわかってくれる。学生は大いに納得して，次にチャレンジする会社の就職面接にのぞむのである。

2.1.5 私の場合

学生のボキャ貧をなじる私にだって，難しい語彙はもちろんある。最近，即

座に発声できなかった漢字が出てきた。大臣らが好んでというか，あえて使っているとしか思えない言葉である。記者のマイクに向かって次のように発言する。

【例1：喫緊(きっきん)の課題】

記者：TPP（Trans-Pacific Partnership，環太平洋経済連携協定）の交渉はどのように進んでいるのでしょうか。お聞かせください。

大臣：これは<u>喫緊の課題</u>であり，現在，関係各省と協議を進めているところであります。

　このとき，丁寧にテレビ画面下側には大臣発言がテロップとして出る。だから，<u>喫緊</u>の漢字から，緊急という意味は汲み取れる。しかし，大臣の発音がよく聞き取れない。喫茶の「きっ」と緊急の「きん」だから，「きっきん」と読むのだ。このように，正しい読みになるまで少～しばかり時間が掛かる。

　「"喫緊の課題"などと言わずに"緊急の課題"とわかりやすく言え！"喫緊"と言いながら，差し迫った悲壮感が顔に出ていない！」このように，テレビ画面に向かって文句を言った。そう言えば，同じフレーズを聞いた。講義中の私の発言に対して，学生から「もう少し，簡単に言ってほしい。」と言われていた。いや～，「汎用」を「ぼんよう」と読む学生や，「守銭奴」の意味がわからない学生にあきれてきたが，普段から馴染みのない漢字は読めないし，意味がわからないということになるのだ。

【例2：本を読む習慣】

　それにしても，研究の打合せで，漢文調の言葉を使って学生を煙にまく必要性などまったくない。研究を進めたいという気持ちしかない。だから，普通の言葉を使っているつもりであるが，学生の理解はかんばしくない。

　この理由は，読書をしていないためかもしれない。そこで，読書習慣の有無をことあるごとに学生に尋ねた。ほとんどの学生は読書習慣がないと答える。決まって同じ理由である。

学生：お金がないので本は買いません。

先生：そんなことはないでしょ。毎週，毎週，友達と居酒屋でお酒を飲んでい

ることは知っているぞ。

学生：飲むお金と，小説を買うお金とは別です。価値観が違うのです。

先生：知識の万華鏡みたいなブルーバックスや講談社現代新書の本は600円から800円程度で，そして私がこよなく愛する時代小説なんかは，いま700円程度だ。小説家が永年の構想のもとに上梓した本の中には，エッセンスが凝縮されている。これをほんの千円以下で体験できてしまう。僕は，なんとも有難いと思っている。

学生：そうですかァ。

読書は嗜好の問題なので，学生を論破して小説を無理やり読ませる気持ちはさらさらない。しかし，大学生協で買物し，そこで何気なく持ち帰った小冊子（季刊読書のいずみ）[5]に，なるほどと思う記事があった。かい摘んで説明すると，以下のとおりである。

> 文学作品をよく読む人は，おなか一杯に沢山の人生をため込める。架空のありえない話のなかからも，生きていくための糧が得られる。そのため，自身が逆境に落ち込んだとき，小説の物語のような一場面として客観視できる。一方，文学作品を読まない人は，人生の一コマの出来事として苦しみを見られない。だから，最悪の場合には自殺に追い込まれる。

文学作品を読む（読まない）と，自殺しない（する）が，1対1で対応するとは断定していない。しかし，一つの見方を示しており，なるほどと思うのである。そして，この小冊子の内容から，記憶の片隅にあった名文の存在を思い出した。書棚から取り出して再び読んでみた。

それは，皇后陛下美智子様が書かれた「子供の本を通しての平和」[6]という名文である。淡々とご自身の子供時代の読書の思い出を綴っている。押し付けがましいことは一切言われていない。安易な引用は恐れ多くはばかられるが，**内に外に橋を架けて自分の世界を広げることができた**，と述懐されている。ここに力強く訴えるものを感じる。

さて，大多数の工学系学生は，単位取得に直接的には関与せず，したがって学業とは無関係とみなす小説の類を全く読んでいない。このことがわかった。

当然，語彙が貧弱となり，だからコミュニケーションに苦労する。これは間違いない。しかし，例外の学生はいる。多くの小説を読む学生をたまたま知ることができた。

先生：藤沢周平の作品の中に「橋ものがたり」がある。

女子学生：私も読みました。

先生：おお，読んでいたのか。なかなかやるじゃないか。若い女性も読むのだな。人情話の「世話物」というジャンルだ。ここでは10篇の短編を集め，もちろんそれぞれの内容は異なる。しかし，全体を通して「橋」の存在がテーマだ。さ～てと，これを君はどう解釈する？

女子学生：解釈するとはどのようなことですか。

先生：短編の集まりだが，これらをひと括りにしたとき，「橋」にどのような意味付けがあるのか，という問いだ。

女子学生：あちらとこちらをつないでいるのが橋です。そこでは，別れがある。また，出会いもある。人間の営みの象徴的な場所として「橋」があるのではないでしょうか。

先生：おっ，お見事。あちらの下総国と，こちらの武蔵国をつないでたのが両国橋だ。二つの国を結んでいたので両国という名前がつく。二つの国は，生活様式も住んでいる人たちも違っていたと言われている。これをモチーフにした短編（題名：思い違い[7]）がある。あなたの言うとおり，この橋で若い職人と女郎が運命的に出会ったのさ。

そして，小説の話から，いつのまにか名画サウンド・オブ・ミュージックに話題が転じた。

女子学生：ザルツブルクの音楽祭で，トラップ大佐と奥さんの元修道女見習マリアが歌う場面があったでしょ。

先生：オーストリアの愛国歌エーデルワイスを歌うのだ。ナチスに蹂躙されている祖国の行く末を想って，トラップ大佐が声を詰まらせる。そこに，ジュリーアンドリュース演じるマリアが大佐にそっと寄り添う。そして，鈴のような声でエーデルワイスを歌い切るのさ。なんとも感動的な場面だ。

いや〜，じつに楽しい。話題豊富で，自分の考えを自分の言葉でしゃべれる女子学生と議論を交わせた。打てば響く鐘とはこのことだ。爽快このうえなし。

さて，このような学生の場合，学業とは直接的に関係しない学内イベントの司会や幹事などを依頼したくなる。快く引き受けてくれる。そうすると，彼女の経験知はリッチとなるのだ。

2.2 ボキャ貧が招く失敗

2.1節のギクシャクした会話の一つひとつを見れば，笑ってすむような類のものである。しかし，語彙を理解できないこと，および適切な語彙を使って相手に説明できないことが幾層にも積み重なったとき，重大な失敗や事故につながることは間違いない。

グローバル化のため，英語の重要性が声高に主張されている。しかし，その前に，母国語の未熟さこそが，由々しき問題であると私は感じている。「国家の品格」という書籍がベストセラーになったことがある。お茶の水女子大学名誉教授でもある著者の藤原正彦先生は，「祖国とは国語」[8]の中で次のように言っている。「国語力の低下は，知的活動能力の低下，論理的思考能力の低下，情緒の低下，そして祖国愛の低下をきたし確実に国を滅ぼす」と。

本節では，ボキャ貧に起因して，電気屋と機械屋の相互の理解が永らく妨げられていたという事例を紹介する。たがいの理解なく仕事をし続けていた損失は大きいと言わざるを得ない。

図 2.11 は飛行機の運動姿勢を表現するときの技術用語を示す。飛行方向に対して，機体がお辞儀を繰返す運動を**ピッチング**（ピッチ）と呼ぶ。駄々っ子のようにイヤイヤをする運動を**ヨーイング**（ヨー）と言う。そして，進行方向の軸回り運動を**ローリング**（ロー）と称する。飛行機に限ることなく船舶の運動を表現するときにも使われる。そうすると特殊な業界の技術用語と思われてしまうかもしれない。

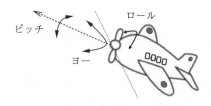

図 2.11　飛行機の運動姿勢を表現する用語

しかし，メカトロ分野でも使用されている。**図 2.12** は位置決め機器の一つである**リニアスライダ**である。図中の太い矢印の方向，および逆方向に移動できるステージであり，動きは水平1軸方向だけに拘束されている。ただし，ステージの動きを目視した程度では，という限定付きである。ミクロに見れば，例えばヨーイング運動も生起されており，これが水平方位の位置決め時間および精度という指標に影響を与える。そのため，ヨーイングを定量的に評価する必要がある。数値を使った議論を通して，開発を進めている位置決め機器の能力を正しくとらえ，位置決め仕様を満たさない原因を追究し，そして機械と電気制御に携わる技術者から改善策を得ねばならない。以下に紹介するのはこの会議の場面においてのことである。

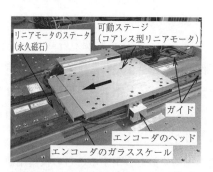

図 2.12　位置決め機器のリニアスライダ

開発者が「ステージが動いたとき，軸が倒れる量が及ぼす位置決めへの影響は……」といった説明をはさみながら，機械設計の問題点を指摘した。「軸」の定義が不明であり，「倒れる」という意味もより一層不明であった。これは会議の大きな目的，すなわち対策を出すことに対して軽微と思われたので問い

たださなかった。以降の正式な会議のたびに，そして身近な打合せのときにも「倒れる」という言葉を用いた議論が行われた。それも，ただ一人の機械設計者だけでなく皆さんこの言葉は了解しているようで，侃々諤々の議論だ。この様子から，特殊な装置開発なのでこの分野特有の業界用語はあるものだと思ったのである。

しかし，じつは図 **2.13** のような右手座標をとったとき，「**並進運動** x, y, z, そして**回転運動** θ_x, θ_y, θ_z」と表現すれば，誰もが理解する話であった。この表記はきわめてオーソドックスであり，関係する一般テキストにも記載されている。それにもかかわらず，狭い開発集団の中でしか通用しない言葉をわざとつくり出し，そして開発を進捗させていたのだ。

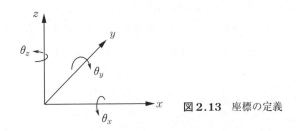

図 **2.13**　座標の定義

そうすると，意味不明の言葉の使用によって開発課題を真に共有できず，それぞれのチームの理解に基づく開発が行われていたのかもしれない。つまり，微妙にベクトルがずれていたと考えられる。もちろん，いまさら検証はできない。はっきりしていることは，開発課題を説明する不自然な言葉使いのほうに注意が向いていたことである。だから，差し迫っているという感情のことにまで理解が及ばなかった。これは損失になったはずである。振り返ってみて，このように思うのである。

2.3　気づきの貧弱さが事故につながる予感

じめじめした雨の日はうっとうしい。加えて，腹立たしい光景を必ず見るはめになるので一層うとましい。傘を通勤かばんと一緒に，すなわち地面と平行

に持つ輩が多いからである。この状態で，プラットホームにつながる階段を駆け上がられてはたまらない。傘の先端で人を刺す危険に気づいていないからだ。傘の柄を持ち，これをまっすぐ下にさげることが基本のマナーである。美しいマナーの前に，他人に危害を与えない常識的行動そのものだ。それにもかかわらず，気づきの欠如としか言いようがない。プラットホームでも大きく腕を振って歩く。傘の先端も大きな振幅で水平に揺れる。この危険にまったく気づいていない。愚かしいばかりである。しかし，輪をかけて愚かなことは，水平に揺れる傘の先端の危険に無頓着で，不用意に近づく者もいることである。幸いなことに，いままで，傘の先端で人を傷つけた現場を見てはいない。見たくもない。しかし，傘の持ち方の危険にさえ気づかない者の場合，仕事の場面でも事故や失敗をおかしてしまうであろう。

　以下では，気づきの欠如によって，事故あるいは失敗をおかした例を三つ挙げる。さらに，気づいても，失敗をおかした一例を述べる。

2.3.1　交　通　事　故

　部下が，今年に入って3回目の交通事故を起こした。事故の場合，本人から会社の管理部門に報告を行う義務がある。この管理者から，小生に電話が入ってきた。

管理者：大した怪我でなく幸いであった。しかし，どうして短期間の内に次々と交通事故を引き起こすのか！　職場の働きぶりはどうなのでしょう？

私：交通事故に結びつくような特異な行動はありません。しかし，本人と話をしてみましょう。

　この後，本人を呼んで交通事故に至る状況を聞いた。彼の説明を以下に紹介する。

　図2.14のように，自動車が渋滞して数珠つなぎに停車していたそうだ。停車中の自動車をぬって，バイクを走行させていたとき，自家用車のドアに衝突したのである。渋滞中の車のドアが急に開くとは，彼はつゆほどにも思わなかったのだ。

バイクで走行

図 2.14 バイク事故の様子

「行きと帰りの道路のど真ん中ですよ！ こんな所でドアを急に開け放つヤツがいますか？ あり得ないでしょ。」と口から泡を出すことしきりである。気持ちはわかる。しかし，私の口から出た言葉は，「確かに急にドアを開ける人が悪いけれど，あなたも**想像力が足りない**のではないですか。車内の人の動きに対する**気づきが不足していた**のではないですか。」であった。事故を起こした当事者でない私は，鷹揚(おうよう)に諭した記憶がある。もちろん，そのとおりである。もしものことを考えて運転しなければならないのである。

しかしだ，第三者は事故を起こすに至った気づきのなさを余裕で指摘できる。本当はあれやこれやと他人を非難してはいけないのかもしれない。自分だって，気づきが足りなくて失敗をおかしてしまう。次ではこのような例を紹介する。

2.3.2 電源の遮断

狭い実験室である。電源タップを床に転がしておき，ここからタコ足の配線で数種類の機器に AC 電源を供給する引き回しをすることが多い。このとき，意図して AC 電源を遮断させたいのではない。実験装置に近づいたとき，学生の足が運悪くスイッチに触れ，その結果，実験最中にもかかわらず AC 電源を切ることが頻発した。家電製品ならば，AC 電源を頻繁にオン/オフしても壊れはしない。しかし，計算機制御のための **DSP**（digital signal processor）の AC 電源をいきなりオフにすると故障を招く。内蔵する**ハードディスク**を傷めるか

らだ。定められた**シャットダウンシーケンス**を通過後に、はじめてAC電源を落とさねばならない。

電源遮断を避けるため、学生に「電源タップを実験机の脚に固定しなさい。」と指示した。実験のたびに、電源タップを床に転がすことを厳禁したのである。**束線バンド**を使って机の脚に電源タップを固定した様子を**図2.15**に示す。これで安心である。しばらくの間、AC電源の遮断を起こすことはなかった。しかし、図2.15のような万全策をつくらせた私が、稼動中のDSPのAC電源を遮断させる失敗をおかした。

（a） 机に固定された電源タップ　　（b） 電源タップのスイッチ

図2.15　電源タップに蹴り

それは、長くもないむしろ短い足をプラプラさせながら、実験中の学生を激励するために近づいたときである。このとき、電源タップの個別のスイッチ（図2.15(b)参照）につま先の蹴りが入って、電源を遮断させた。私のつま先に、なぜスイッチがあるのか。憎いスイッチである。しかし、電源タップの配置面が悪かったのだ。気づきの欠如である。身体の動きによって不用意にスイッチは操作されてしまう。このことに気づかされたため、電源タップのスイッチ部分の面を90度まわして、短足の私の足蹴りが入らないようにした。

2.3.3 半田ごての不用意な電源投入

半田ごてを握っての回路製作あるいは配線の接続は，電気系学生にとって基本的なスキルとなる．そのため，自作できるものに対しては，半田ごてを握らせる作業を行わせる（5.1節）．

半田ごてを使う作業前に，「こて先は発熱体なので火傷に注意するように，そして作業終了後は必ずスイッチをオフにせよ．」と言い渡す．スイッチオンの半田ごてを絶対に放置してはならないのだ．発熱のこて先に何かが接触していることを想像させると，道理がわかる学生なので「わかりました．」と言う．しかし，実際の行動が伴わないことも多い．だから，学生室に何度も行くついでに実験机の様子をチェックする．厳重な監視というわけでもないが，実験机の点検などは造作もない．すると，学生に指示した半田付け作業はすでに終わっており，電源スイッチはオフである．言われたことを守っているので安堵した．

しかし，実験机の半田ごてを再び目にしたとき，先ほどまで消灯のランプが赤色に点灯していた．図2.16の温度コントローラの箇所にある点灯ランプのことである．半田付け作業の終了直後は，電子部品，配線類，工具類などが乱雑に散らかっていた．しかし，いま現在の机の上は整理されている．誰かが，探し物をするついでに机の上が整理されてしまったようだ．だから，探し物の最中に，意識することなくスイッチに触れて，これをオンにしたと思われた．たまたま，半田ごての先に，発火するものが触れていなかっただけなのだ．だから，犯人さがしはしなかった．

図2.16　半田ごて作業終了後には電源プラグを抜く

この経験から，はっきりわかった。悪意がなくとも半田ごてはオンになるのだ。このときに限って半田ごての先に発火物があっても不思議ではない。危なかった。もし，気づきが遅れていたら火事を起こしたかもしれない。この事件以降，「半田ごての使用後はACの電源プラグを必ず引き抜いた状態にせよ。」と言い渡した。

2.3.4 ケーブル越え事件

天城の山を越えた少年が殺人をおかしてしまう。この少年の母親への切ない思慕と，それとは裏腹の憎悪を描く名作が，松本清張の「天城越え」である。じつは，まったく関係ないが，張り巡らされた多数の「ケーブル越え」の話をする。

大学の研究室は狭い。研究テーマが増えるたびに，この実験装置の配置場所を確保しなければならない。そのため，**図2.17**の状況で実験を行う。いや，しなければならない羽目になる。

（a）張り巡らされたケーブル　　（b）床に這うケーブル

図2.17　ケーブル越えの様子

実験機器は**5軸磁気軸受**を使った**ターボ分子ポンプ**である。この制御のためキャスタに載せたDSPをポンプの近傍に配置する。さらにキーボード操作のために，実験者の学生が椅子に座る場所も確保される。DSPからの指令で素直に動く実験機器ならば問題はない。しかし，意図する反応が得られない場合，機器に接近して状態を目視する，あるいは触りたくなる。

どうすると思いますか？ 5軸磁気軸受はほんの目の前にある。それにもかかわらず，回り込んで機器に近づく律儀者などいない。図(a)の写真のように，引き回した同軸ケーブルをまたいで，図(b)に示す実験機器に接近する学生がほとんどである。このとき，またぐ同軸ケーブルに足をかけないよう学生は注意する。もちろんである。それにもかかわらず，ケーブルに足首を引っかけて機器類に損傷を与える。

無理のないケーブル越えにも関わらず，ケーブルを引きずる理由は，意識の問題が大きいと思っている。

まず，ケーブル越えに失敗する場合の意識の変化は以下のとおりであろう。

（1） ケーブルに目を向けており，すなわち意識してこれを越えるように片足を出す。

（2） そうすると，目視したい実験機器のほうに近づくため，意識はこれに向いてしまう。

（3） だから，またぎ終わるもう片足のほうに対する意識が相対的に低下して，この足をケーブルに引っかける。

だから，引き回したケーブル類を引きずらないためには，以下の順番に意識を切り替えていく必要があろう。

（1） ケーブルを越えるように片足を出す。

（2） 実験機器のほうには目の焦点を当てない。振り返る必要はないが，またぎ終えねばならないもう片方の足に自分の意識を集中する。

（3） 確実に両足がケーブルをまたいだとき，はじめて実験機器に意識を向ける。

このような事後分析なんかは簡単だ。しかし，これができないのが人間である。だから，面倒でも，ケーブルをまたがずに遠回りして実験機器に接近しなければならない。最善の方法は，ケーブルをまたぐ必要がない機器類の配置をすることである。先輩から後輩へ「ケーブル越え事件」の情報が伝わっているのである。現在，配線をまたぐような機器の配置を行う学生はいない。

次に，床に這わせた配線類をまたぐ行為の報いについて述べる。学生居室は

古い建屋にある。PC の AC 電源や LAN ケーブルを邪魔にならずに綺麗に隠せる部屋の構造ではない。居室の広さ，人数分の机，そして災害時の逃げ道（**動線**）の確保を考慮して，学生たちが頻繁に行き来する床に，しかたなく束ねた配線類を敷くことにした。「敷く」と言うと敷設工事のように聞こえるが，じつは配線類を床に置いただけである。学生居室の窓側に座る学生たちと，その反対の壁側に座る学生たちの真ん中に，すなわち，居室中央を横断するように配線類を床に敷いても，ほんの少しだけ歩幅を広くして歩けば何らの問題も生じない。「配線を踏まないでね。」の要請に，「はい，わかりました。」という回答も得た。

しかし，注意されずとも踏み潰さないようにするが，つま先で軽く踏むあるいは踵が配線の一部を踏み付ける程度のことは避けられない。この踏み付けが，学生の人数に比例して頻繁になったため，配線は断線してしまった。考えてみれば当然の帰結である。だから，配線をまたぐように引き回してはいけないのである。

いま現在，**図 2.18** のように配線ケーブルを保護するケーブルマットを使っている。これを使用して以降，断線は一切ない。はじめから，このマットを使えばよかったのだ。「そういうものだ。人間は後悔するように出来ておる。」[9]ということだ。

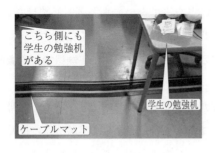

図 2.18　ケーブルマットの使用

3.

態　　　度

　企業在職のとき，上司から「時間で稼せぎなさい。」と言われたことがある。「突出した能力を持たない（君の）場合，時間を掛けて仕事をするしかない。」という言葉も添えられた。なるほど至言なり。思わず一本締めで応じた記憶がある。

　さて，遅刻だ，寝坊だと基本的態度がなっていない学生や若い技術者は多い。こんな態度では，もちろん時間で稼ぐことはできない。そして，呪いたくはないが，失敗や事故の遠因になる。

3.1　遅刻そして朝の挨拶のこと

【概　要】

　朝10時には登校のうえ研究テーマを推進せよ。このように配属学生に言い渡している。鬼教員の言葉に素直に従う学生ばかりではない。毎日，5分程度だけ遅刻する学生がいる。約束の時刻を大幅に過ぎた例えば11時ころに登校する重役学生もいる。

　前者の場合では，学生居室にいた私と運悪く鉢合せとなったとき，学生は申し訳なさそうに「おはようございます。」と挨拶をする。皮肉屋の私は「おそ（遅）ようございます。」という挨拶をかえす。そして，しばらくの間，次のような教訓を垂れる[1]。

先生：10時登校はあまい時間設定である。お母さんは朝の仕事を終えている。お父さんの会社では，すでに活発に仕事をしている時間帯である。なぜ，5分程度のつまらない遅刻をするのか！　この5分の遅刻が，ボディーブロー

のように本人に不利益をもたらす。例えば，**フレックスタイム制度**（後に述べる3.2節）を知っているな。これはな……。

長くなりそうな説教に学生も黙ってはいない。反論してくる。

学生：会社に入ったら遅刻しません。いまは学生時代を謳歌したいのです。

先生：積分作用を知っているな。毎日，毎日の時間は積分されて積み重なっていく。これが大切なことだ。毎日1時間の遅刻が1か月，2か月と積みあがってしまう者と，その逆の者を比べてごらんなさい。時間を積み重ねて研究した学生が獲得する能力に追いつけないのです。

学生：わかりました。

　一方，後者の重役出勤の学生の場合，無言のままぎこちなく身体を折り曲げて研究室に入ってくる学生がほとんどである。企業在職時代，何らの挨拶もせずいつの間にか居室に滑り込んでいる社員がいた。一べつした上司は，憮然として顔をそむけた。

【たかがおはよう，されどおはよう】

　朝の挨拶は，仕事を開始するスイッチのようなものである。これはおたがいの心の垣根を低くする。たかが「おはよう」の一言であるが，されど「おはよう」なのである。そして，たかが遅刻であるが，時間を守ることは仕事の基本である。やることをやっていれば，多少の遅刻は許してほしい。あるいは，研究の結果だけが成果である，と一見まともなことを言う学生がいる。企業の中にも，このような理屈を振り回す開発者がいたと記憶する。しかし，行動を伴わないで理屈を言う者ほど，散漫な不注意による失敗をおかすことも事実である。

3.2　フレックスタイム制度の光と影

【学生の場合】

　約束ごとの中でも，時間を守ることは基本である。遅刻はこれから仕事をやるぞという気持ちをくじく行いである[1]。

3.2 フレックスタイム制度の光と影

先生：明日10時から打ち合わせをする．実験データの説明をしてくれ．
学生：わかりました．

　翌日，10時近くに，勢いよく階段を駆け上がってくる足音が居室からも聞こえた．昨日の約束どおりである．実験結果が楽しみだ．しかし，即座に居室の扉をノックしてこない．我慢して待っているとようやく居室に入ってきた．

先生：遅いじゃないか！　もう15分以上も過ぎているぞ．
学生：約束どおり，<u>10時には大学に来ました</u>．
先生：<u>ミーティングを10時からやる</u>と言ったのだ．
学生：資料整理に手間取ってしまったのです．
先生：そのようなことは，私は知らない．知りたくもない．

　もちろん，ほとんどの学生は約束の時間を守る．しかし，順守行動に安心感のある学生は少ない．社会に出れば，学生時代の怠惰な時間感覚では済まされない．厳しいのだよ，と学生に注意は与える．

【企業人の場合】

　しかし，学生の前では言わないが，企業人だって似たりよったりだ．

　例えば，出勤時刻のことである．その昔，開発者の自主性を重んじたとき開発効率が上がると言われていた．フレックスタイム制は，このようなもっともらしい理由で導入された．勤務時間は8時からだ．しかし，必ずしも8時出社でなくともよい．代わりに，10時には必ず出勤するという**コアタイム**が定められている．そうすると，10時に会社敷地内に入りさえすればよい，と曲解をする輩がいる．

　毎日，コアタイムの10時ちょっと過ぎになると，図3.1のように正門の守衛所で遅刻者の長い行列ができる．遅刻者氏名を備えつけのノートに記載するためである．これは，職場の上長に報告を行い，勤務態度不良によって給料を減らす際の証拠としての台帳となる．10時数分前に守衛所を通過したので，遅刻ではないと誤認する不届き者もいる．数分前に守衛所を通過できても，職場の建物まで移動し，着替えを行い，そしてデスクに着席するには時間が掛かる．当然，職場の仕事開始にとっては遅刻になる．こんな理屈もわからない開

48　3. 態　　　　度

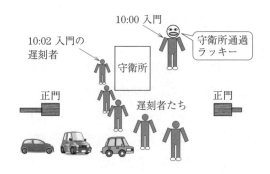

図 3.1　フレックスタイム制度の影

発者はいた。

【光と影】

　フレックスタイム制により開発効率が上がる，というまことしやかな経営層の発言を信じた者などじつはいない。なぜならば，コアタイム 10 時の出勤を権利として主張する開発者がいると，彼が出勤して PC のメールを処理した後に打ち合わせ会議を開くことになる。そうすると，昼食の少し前に会議が終わるので，時間の使い方としては非効率そのものであった。しかし，サラリーマンにとっては，じつに都合のよい制度だった。深酒のため寝坊することがたまにはある。早朝の市役所で用事を済ませてから，会社に出勤することもできる。不届き者の行いによって，フレックスタイム制を廃止した会社は多いと聞く。都合のよい制度が，自覚のない行いによって廃止に追い込まれた。つまり，自分で自分の首をしめてしまった，ということである。

3.3　居眠り事件

　昼食後の講義では，門脈に血液が回るために居眠りが多い。これは，新陳代謝の活発な学生の証拠である。若いので仕方がないが，これには図 3.2(a) のように二種類ある。一つ目は必死に耐えている健気な居眠りである。二つ目は，先生の講義などは聞く耳を持たないと身体自身が主張するうつ伏せのもの

図3.2 居 眠 り

である。ここで，正邪を区別しなければならない[1]。

前者の居眠りは，学生時代だけは几帳面だった私にも覚えがある。だから許してあげたい。しかし，後者の無礼きわまりない居眠りは昔の学生にはなかったように思う。いや，いなかったと断言できる。なぜ，講義中，私の眼を盗んで，スマホなんぞに入れ込めるのだろう。そのあげく，スマホだけは手放さずに寝入ってしまった学生を絶対に許しはしない。いろいろな刺激を与えて学生の覚醒を促す。例えば，居眠り学生のフルネームをいきなり発声する。「〇〇〇〇君，わかりましたか。質問はありますか。」と言うのである。これはきわめて効果的だ。以降，居眠りはしなくなる。あるいは音量を意図的に下げる。「ここが期末テストの出題に値する大事なところです。」とささやく。先生の声だけは耳に入っているようで，ほとんどの学生はむくりと起きあがる。

一方，情報伝達の会議，開発進捗を報告する会議，そして開発トラブル解決のため衆知を集める会議などが頻繁に開催される企業で，居眠りはあるのだろうか。じつは，どの会議にも，必ず居眠り社員はいた。理由はわからないが，上司が注意を与えることはない。ただし，いびき声をあげる社員は，身体を揺すられる。会議終了後に覚醒し，頭を掻いて居眠りを恥じるのであれば愛嬌があるのだが……。

企業の場合，二種類の居眠り社員がいる。一つ目は，目をつぶって聞き入る者である。二つ目は，完全に居眠りをする者である。いずれも，会議中に一切の発言を行わない。前者は，細かい技術論を戦わせる立場にない上席者の場合

が多い。製品のとりまとめでは，特定の技術分野に偏ってはならない。だから，ひたすら各技術分野の主張を聞かねばならない。しかし，興味がないときには，聞き入りながら寝入っていることがわかる。後者の場合で許せない行いは，居眠りをしていたのに，錯綜した全意見を聞き終えて，この総括をすることだ。狡猾である。意見の相違が出そろった状況におけるまとめなんかは容易だ。各技術者は，開発に思い入れがあるからこそ自己主張する。ときには相手を攻撃する。まとまらないことを承知で自己主張しているのだ。自己主張もできずに聞き入るふりをして，そのまま寝込んでいたにもかかわらず，総括に及ぶとは不届き者である。しかし，まとめのポイントは外していないことが多い。だから総括に同意せざるを得ない。そうすると，まとめの力があるなんて間違った評価を獲得することがあり，居眠り転じて豹変の巻だ。しかし，技術の話を真剣に行っているにもかかわらず，自分にはわかりません，あるいは関心ありませんという態度の居眠りは，感情の奥に不信感の芽を植え付け，それはしだいに成長していく。だから，開発行為のあらゆる場面で負のスパイラルを描くように作用する。

3.4 椅子に座っていられる才能

「松本清張の世界（文藝春秋編）」[2]に森本哲郎氏のエッセイが収録されている。取材旅行のときに，ラオスの首都ビエンチャンのホテルで，乗り継ぎだけのために缶詰めにされたときの様子を綴っている。

> 「きみ，作家の条件って，なんだと思う？」と清張さんがドアのノブに手をかけながら，私にきいた。
> 「才能でしょう」と私はこたえた。
> 「ちがう。原稿用紙を置いた机の前に，どれだけ長くすわっていられるかというその忍耐力さ」と清張さんは言った。
> ……。私は，待てよ，その「忍耐」こそ「才能」ではないかと，はじめて気がついた。〔文藝春秋（編）：松本清張の世界，p.692，文春文庫（2003）より〕[2]

大作家の松本清張と同じ考えを持つなどとは恐れ多い。しかし，椅子に座り続けられることは一つの大事な能力である。そして，机の前にしがみつくことによって，凡夫の能力も磨かれると私も信じていた。

しかしながら，残念なことに机の前で熟考できない学生は少なからずいる。実験データを他人に容易に理解させるまとめ方の考察，複雑な計算過程のワープロによる記述，そして参考文献の調査とその活用など，時間が掛かる仕事を学生にしばしば課すときにそれはわかる。1時間も経たずに離席するのである。

3.4.1 椅子に座っていられない学生と企業人
【散　歩】
先生：○○君はどこにいるのか。
学生：買物のため出かけました。
　学生が戻ってきたので，進捗状況を尋ねた。
先生：どうした。指示した作業は終わったのか？　終わるわけがないが。
学生：いえ終わっていません。お腹が空いたので，先ほどまでスーパーに行っていました。これから作業を再開します。
先生：わかった。
　講義終了後に学生室に行くと，また当該の学生がいない。散歩に出かけたとのことである。監視しているわけではないが運の悪い学生である。
先生：べったり椅子に座っていることができないなァ。
　学生が戻ってきたので，自室に呼び出し教訓をたれた。
先生：じっと我慢して，べったり椅子に座っていられることも能力の一つである。うんうんと唸って考え続けたときにひらめくことがある。この感動の瞬間をとらえるために，座り続けていなければならない。
学生：ちょっと散歩してきただけです。
先生：本当は，仕事に飽きたのだろ。計算がうまくできないのでしょ。
学生：え～，じつはそのとおりです。

3. 態　　　　度

【机にしがみついている学生】

反対に，一日中，学生室のPCの前で作業をしている学生もいる。最終的な勉強の成果は，机にしがみついている学生のほうが勝ることは言うまでもない。卒論あるいは修論の完成度は抜群だ。この完成にたどりつくまでの期間も短い。研究会に提出する原稿の仕上げも早くて間違いが少ない。そして，研究テーマを進めているとき，私のボヤキに近い到達目標に対して，自分の頭で考えたアイディアを持ってきてくれる。

【企業人のワザ】

一方，企業人の場合だって，椅子に座っていられない者がいる。もちろん，椅子になんか座っていられない理由をあげることはきわめて容易である。椅子になんか座っていられないことを周りに見せつけることなど簡単である。それは，開発者の場合，いくつかの仕事を同時に抱えていることを活用できるからだ。開発品に製造上のトラブルがある場合，製造部門に行って打合せをしなければならない。開発品の耐久試験の様子を見に行くという用事もある。大した疑問ではないが，これを晴らすという理由をつけて，他部門にわざわざ出かけて立ち話をするというワザだってある。しかし，忙しさをわざと演出していることは即座にわかる。

3.4.2　卒論の見直し

【概　要】

卒業論文の印刷はすでに終わっている。発表会で使用するプレゼンテーション資料もつくり終えた。さらに，研究室全員の前で発表練習2回，そして自主練習会も3回程度はこなした。あとは，数日後に開催される本番の発表会を待つだけとなっていた。

しかるに，研究室のコアタイムには律儀に来学し，椅子にべったり座りこんで，ちょこちょことプレゼンテーション資料の手直しをしている。この仕事に飽きたときには，計算方法を簡単にするプログラムの改良もやっているとのことだ。

先生：なにをやっているのだい。
学生：聞いている人にわかりやすい工夫を考えついたので，手直しをしています。
先生：う〜ん，発表資料の手直しはもう不要だよ．しゃべり方をどのようにするかを考えなさい．
学生：わかりました．

　このように返事をしたものの，手直し作業を中断するつもりはまったくないようだ．私が自室に戻ろうとすると，プレゼンテーション資料の手直しを再開した．

【発表会当日】
　さて，発表会当日は，最初に目的と結論を示しておき，次に，一見するとばらばらとも思える研究手法の位置づけをフィッシュボーン線図で表現し，それから各技術の詳細を説明する，というプレゼンテーションとなった．話題を変えるときの論理的つなぎが，発表練習のときに比べてうまくなったと感じた．

　じつは意外だったのであるが，評価者の選考を経て優秀発表賞を受けた．学科内で閉じているとはいえ，指導した学生が賞を受けたのだから喜ばしい．取り立てて立派と私が感じなかった理由は，研究内容を熟知しているためだ．一方，はじめて彼の研究成果を聞く評価者には訴えるものがあったのだ．

【椅子に座り続けることが生んだ発酵状態】
　資料の手直し作業の間，彼の頭の中では発表会でのしゃべり方が何回も反芻（はんすう）されていたのであろう．そうすると，何かが発酵状態になって聴衆に訴えるもののヒントが醸し出されと考えられる．だから，根気よく椅子にべったり座り，考え続けることが必要なのである．

3.5 エプロン事件

【概　要】
　職場の女性たちが，会社の作業服を隠すかのようにエプロンをかけはじめ

た。地味な色使いのものであり，決して職場の雰囲気を壊すものではなかった。

あるとき，女性陣が騒然と気色ばんだ。エプロン着用を禁止する通達が原因である。エプロンを身に付ける理由は，PCから発する電磁場から母体を守ることにある。このことを既婚女性から聞かされた。地味な作業服をエプロンで隠しているという私の推論は的外れだった。女性たちを束ねる開発管理の課長は，電磁場に対する防御という宣伝には科学的根拠がまったくないという理由をつけて，エプロン着用禁止を再度言い渡した。証拠のデータがなくとも，心の安心を得るためにエプロン着用を認めてほしい。このような可憐な女性陣の要望は，ついに聞き入れられなかった。以降，エプロン着用の女性は皆無となった。

【当時の感想】

仕事にさし障りなどはまったくない。だから，エプロンを身に付けたいと言う女性たちの希望を受け入れてやればよい。このように思っていた。特に，電磁波に対する防御の証拠はないといった分別面の言い方が，特に女性にだけは優しい私の癪に障ったものである。多くの女性を束ねる管理者に対する羨望もあったかもしれない。

【説明の仕方が大事】

当時，研究開発部門と生産部門は同一の敷地内にあった。日中のほとんどを過ごす両部門の建物は異なる。しかし，昼食をとる食堂は同一である。そして，部門間の連絡のため，自由に往来できることはもちろんのことである。ここに，エプロン着用禁止の真の理由があったはずだ。

工場は生産活動を行う職場である。大重量物の運搬や，組み立て作業が行われている現場である。もし，身に付けたエプロンの端が作業現場の電動機に巻き込まれたら惨事を招く。エプロンに限ることなく，工場作業者が，規則に反することを承知で，安易な自己判断に基づく不幸な連鎖によって重大な事故を招く可能性は否定できない。

しかし，工場と研究開発部門は役割が異なる。研究開発部門の者がエプロンを着用したからといって事故には結びつかない。このような反論があろう。論

理的考え方であり，そのとおりである。そうではあるが，人間の感情まで考えたときには，たかがエプロンのことであるが，されど意外な方向に波及して好ましくない結果をもたらすかもしれない。例えば次のとおりである。

> 研究開発部門の女性たちがお気に入りのエプロンを職場で身に付けている。研究開発部門の女性たちだけに認められ，工場勤務の私たちにはなぜ認められないのだろう。不公平だわ。エプロンが禁止ならば，代わりにフリルのついたシャツでお洒落をしよう。いや，私は襟が際立って大きいシャツにしよう。

このように波及していったとき，お洒落な襟が機械に巻き込まれて人身事故を引き起こすかもしれない。だから，エプロン着用は禁止しなければならない。しかし，エプロン着用を禁止する真相の説明は一切なかったようだ。

エプロン着用という一見すると些細なことが，重大な事故を招くことをわれわれ管理者は恐れている。だから，禁止する意図をくみ取ってほしい。このように説明してあげさえすれば，上司の禁止命令に素直に従っているものの，胸の中にしまい込まれた不信感を残さなかったはずだ。

3.6 サンダル履き事件

踵を踏みつぶして靴を履く習慣を私は持たない。しかし，たまたまこの状態で電話を受けた。会議への参加を促すものであった。失念だ。手帳を見ると，会議開催時刻はしっかり記載されている。数段おきに階段を降り，キャンパス内を小走りし，再び会議室のある棟の階段を数段ごとに駆け上がった。靴の踵を踏みつぶしていたため，運悪く階段に引っかかった。そのとき，転倒による顔面強打を免れるため，とっさに両手を階段の角にしたたかに打ちつけた。激痛とともに少しだけ血がにじんだ。若いとき，階段を踏み外すことは絶対になかった。よる歳なみのせいだと納得するとともに，昔のことを思い出した。

【概　要】

職場には規則がある。例えば，会社から支給される作業服を着用しなければならないことがあげられる。ボタン付き上着の場合，開襟状態は自堕落とみな

される。特に，新人社員は注意が必要である。襟をたてる，あるいはボタンを外して廊下を歩いてみたまえ，見知らぬ職責の高い人に叱責を受けることは必定である。

　さて，会社から支給の作業靴の踵をつぶして履くことが流行り出した。特に，夏の季節である。豪胆にも，安物の作業靴に代えてサンダル履きの者まで現れた。もちろん，足元が蒸れないようにするためだ。「水虫でね〜。靴をキチンと履いていられないのだよ。」という同情すべき理由がある。しかし，管理者は，「作業靴でなければならない。踵を踏み潰してはならない。」と言い張った。そこで，平社員は些細な抵抗を試みた。椅子に腰掛けているときにだけサンダルを履き，離席するときにはサンダルから作業靴に履き替えるワザをあみ出した。「どうだ，文句はあるまい。」と言わんばかりである。しかし，管理者は，断固として，サンダル履きを厳禁にした。

【当時の感想】

　私は靴の踵をつぶして履くことを好まない。だから，この種の通達は当然と思っている。しかし，同世代の数人は，椅子に腰掛けているときも，サンダル履き禁止という通達に立腹していた。「他人に迷惑をかけるわけではあるまい。」，「開発をうまく進める管理能力がないので，つまらないことに注意が向くのだ。」このような，口惜しさからくる愚痴や，先鋭的な怨嗟の声までも聞こえてきた。作業靴の踵をつぶして履くことを好まない私でさえ，まあ許してやっても良いのではなかろうか，と思っていた。

【やはり踵をつぶしてはならぬ】

　靴の踵を踏みつぶしたまま階段を駆け上がったとき，顔面強打は免れたが手先からは血を流した。自業自得である。血を水道で洗い流し，絆創膏を貼って終わりだ。

　しかし，もし私の転倒が他人を巻き込んだと想像すると恐ろしくなる。ごつい男子学生の場合には，倒れかかる私を華麗によけてくれる。よけるべきだ。だから，男子学生なんぞに興味はない。しかし，もし見目(みめ)麗しい女子学生を巻き込み，彼女に傷を負わせてしまったときには，本人とご両親にお詫びしても

3.6 サンダル履き事件

許してくれないだろう。そして，もし転倒した私の身体が，いたいけなお子さんに覆いかぶさってしまったとき，取り返しのつかいない事態を招く。

　ここで，脈絡もなく珠玉の名作，藤沢周平の「蝉しぐれ」から名場面の一節を持ち出す。感動的なので，暗唱することができる。ドリンクパーティの酔いに任せて文学の話になったとき，女子学生に情熱的に話す。

先生：ヒロインは，お殿様の側室になったお福さまなのだ。この方が幼少のころに好いていた下級武士の文四郎に想いを吐露するのだよ。お福さまは「文四郎さんの御子が私の子で，私の子供が文四郎さんの御子であるような道はなかったのでしょうか。」[3) と言うのだ。「あり得たかもしれないその光景を夢みているように。」[3) ね。

女子学生：それから？

先生：いいだろう〜。そうしたら，藩に背いたため斬首になった養父を敬愛している息子。この文四郎が，「それが出来なかったことを，それがし，生涯の悔いとしております。」[3) と応えるのだよ。

女子学生：……（無言）。

先生：どうだ。おたがい好きであった者が，人生のちょっとした行き違いで結ばれることがなかった。この哀惜の情がにじみ出ているじゃないか。

女子学生：違います。男が好きだとはっきり言ってくれなければ困ります。言わなければわかりません。

先生：こいつ〜。言わなくてもわかるだろ。言わなくてもたがいにわかるってことが日本人の美徳だ。

女子学生：先生，それは違いま〜す。いまさら言うのならば，ずっと言わないほうがよいのです。

　まったくもって美意識がないと思う一方，女子学生の考え方を知ることができた。学生とのたわいもない言い争いであるが，このときの会話を使って表題の「サンダル履き事件」と強引に関連づける。

【はっきり言う必要性】

　「蝉しぐれ」に関する話題を挙げた理由は，「はっきり言ってくれなければ困

ります。言わなければわかりません。」と女子学生が言った，この言葉なのである。管理者が「規則だから，サンダル履きを禁止する。」と頑なに言った。しかし，「たかがサンダル履きのことであるが，この行為が思いもかけない事故に発展する可能性がある。だから，サンダル履きは禁止なのだ。」とはっきりと部下に言う必要があったと思う。

当時の筆者はもちろん若かった。だから，サンダル履きを注意された者の心情と同じものを共有した。すなわち，「仕事をうまく進める管理をしろよ。それがお前達の給料のもとじゃないか。サンダル履きは職場にはそぐわないが，こだわり続けるものじゃない。」としか思っていなかった。厳命によってサンダル履きを諦めた者から，「サンダル履きに起因する将来の惨禍の可能性」を管理者から説明されたということは一切聞いていない。

3.7 尻ブチ先生の教育

細い筆で縁どられたような切れ長の瞳。ここに，みるみると涙が宿る。そして，卵の殻をむいたような頬につっと涙が伝う。こよなく愛する朝鮮王朝ドラマの一場面である。

ドラマの中では，犯罪者に刑罰を科す場面がしばしば登場する。例えば，椅子に座らせ，太い棒を股の間に差し込んで，テコの原理で太ももに激痛を与える刑罰（周牢：ちゅり）がある。これに比べてランクの下がるものが，長机にうつ伏せにさせた犯罪者の臀部を，いかにも堅そうな板で殴打する刑罰である。殴打のたびに，「ちょーなー（王様）」と悲痛な叫びをあげる。この場面には，少し滑稽さもにじみ出る。残酷さを緩和させる効果を意図的に演出していると思える。臀部殴打の刑罰，つまり五刑の一つである杖刑(ちゃんひょん)[4]の場面を観るたび，私もこれに類した刑を受けたことを思い出す。中学生時代の技術・家庭科の授業中のことである。

【概　要】

技術・家庭科では，男子・女子に分けられ，男子生徒には木工および金属工

作が課されていた．木工加工では本棚を，金属加工では文鎮を製作した記憶はいまだに鮮明である．

　この科目を担当した先生のあだ名は「尻ブチ」．われわれは，この先生を恐ろしい人とも，憎い人とも思っていなかった．このことは先に言ってしまう．

　授業中に，先生の指示を聞かずにおしゃべりをする生徒がいることは常のことである．鋭利な刃先を持つ「のみ」の使い方を誤って，自分の身体を傷つけてはならない．いわんや，絶対に他人に傷を負わせてはならない．だから，尻ブチ先生は，工具の使い方の説明のとき，少しでも注意散漫な生徒がいると，教壇の近くに来なさいと命令した．作業中の態度が悪いと，大音声の罵声が作業中断を全員に告げた．やはり，教壇近くに来ることを命じた．ここから，厳かな儀式となる．

先生：(底なしの笑顔で) なんで呼ばれたかはわかるよな．
生徒：はい．
先生：では，歯をくいしばれ．しっかりくいしばれよ．いいな．
生徒：……（無言）．
先生：尻を突き出せ．しっかりと突き出せよ，いい加減な姿勢だと，尻を叩く板の場所を間違えてしまうからな〜．もう一度言うぞ．歯をくいしばれ．

　これを言った瞬間，野球バットの軌道をたどった板が，生徒の尻にうちおろされた．バシッという音は，生徒を一瞬のうちに凍りつかせた．私も一回だけ尻を叩かれた．木工工具の「のみ」の扱いが悪かったためと記憶する．それは，危険な方法として禁止されていた．あらかじめ注意されていたにも関わらず，熱中していると危険な作業をするものなのだ．具体的には，力を込めた「平のみ」の刃先を，自分の身体のほうに向けて木材を削っていた．

　即座に，刑場に引き出され「尻ブチの刑」を受けた．派手な音にもかかわらず意外に痛みはない．誰もが尻ブチの刑を頂戴したが，病院に行ったということは聞いたことがない．

【尻ブチ先生の真似はできないが……】

　尻ブチ先生のように，私も笑顔を絶やさず軽量軽剛性の板を持って学生実験

室および居室を巡回できるならば，学生に緊張を与えることができよう。それはできるはずもない。しかし，作業経験がない学生に怪我を負わせてはならない。私にできることは，作業の現場に立ち会って，口やかましい注意を与えることぐらいである。特に，配属の学生に初めて作業をさせる場合は，必ずこの作業の様子を見るようにしている。半田付け作業，製作した電子基板のデバック，この基板を用いた実験機器の立ち上げ作業，そして実験最中の学生の動きなどである。これらの様子を見ていると，任せて大丈夫な学生と，何回も注意を与えて訓練する必要がある学生とを区別できる。後者の場合には，繰り返しの立ち会いで注意を与えているので，大きな事故に至る手前の防波堤づくりにはなっているはずだ。

大日本帝国海軍連合艦隊司令長官の山本五十六は「**やってみせ，言って聞かせて，させてみせ，ほめてやらねば人は動かじ。**」と言った。可能な限り実演を行っているが，老齢になった私がやってみせる作業は限られる。そして，しゃべることが商売の大学教員であるため，言って聞かせることは十二分にできる。自覚していることは，ほめることが不十分なことである。

【尻ブチ先生の愛】

いまの教育現場の原理原則では，体罰は許されない。これに照らせば，尻ブチ先生の所業は許されない悪行である。しかし，中学校の同級生と当時を懐かしむクラス会のとき，尻ブチ先生に対する怨念は一切ない。むしろ，懐かしさだけである。

理由ははっきりしている。生徒が事故を起こさないようにと，愛情を持って体罰を課したことをわれわれの身体が知っているからだ。考案した体罰が身体に悪影響がないことを十分研究したうえで体罰を課してくれたのだ。

座禅修行のとき，文殊菩薩の手の代わりである警策（けいさくとも言う）で打たれた肩あるいは背中が，怪我を負うことは絶対にない。これと同様の工夫をしたのである。すなわち，打撃のとき，怪我をさせることがなく，音だけが派手な軽い板材を選んでいたのだ。われわれはこの体罰を有り難く頂いたと思っている。相手の人格を否定する平手打ちで，鼓膜を破る怨念を持った体罰

だけが許されない。

さて，当時のわれわれは尻ブチの刑を受けたことを親に告げ口する心情を持ち合わせていなかった。このように，いままで信じてきた。尻ブチの刑を受けたことを，むしろ誇らしい経験としていた。しかし，最近になって幼稚園を営む親せきから，教育委員会にしばしば呼び出されて叱責を受けていたと聞かされた。体罰はいけない。もし怪我をさせたらどうなるのか。このように教育委員長から問い詰められたはずだ。そして，必死に，軽量でやわらかい板を使っているので怪我はさせませんと抗弁したのであろう。しかしながら，あらゆる場面において原理原則という正義に抗う術はない。

尻ブチ先生，少なくとも私だけはいまも感謝しています。

3.8　注意書きは景色の一部となる（その1）

【概　要】

実験装置に電気を通電したままで，片時も現場を離れてはならない。このように言い渡す。説明するまでもないとは思ったが，経験が少ない学生に対しては丁寧な説明が必要である。説明内容は次のとおりである。

一般ユーザーが不用意に機器を操作したとき，この損傷を回避する機能が製品には埋め込まれている。例えば，ケーブル断線，異常電流，あるいは発熱などに対する検出機能のことだ。これらの検出がなされたとき，機器を安全サイドに導いてくれる。つまり，**フェイルセーフの思想**を埋め込んでいる。

しかし，実験装置は手作りである。機能確認の装置なので，安全対策までは施していない。磁気軸受では，電磁石に数アンペアの電流を流して，ロータを非接触で浮上位置決めしている。もし，異常電流が流れたら，どうなるかを想像してみたまえ。発熱によって，実験装置の損傷のみならず，この実験室を燃やすこともある。さらに，片時も現場を離れずにオシロスコープの波形だけを見つめていると，物理現象が頭に映像として現れる。特異な波形を見落とさなかったとき，実験対象の本質に迫れる。

このような説明に，学生は素直に納得する．しかし，ある日，実験室の様子を見たとき，5軸磁気軸受が動いたままとなっていた．実験室に隣接して学生居室があり，ここにいる学生に尋ねた．

先生：どうした！　実験担当の○○君はどこにいる？
学生：おなかが空いたようで，いまスーパーに行っています．
先生：○○君は，言い渡したことがわかっていない！

イライラしながら実験室で待つこと数分．食料を抱えた学生が上機嫌で帰ってきた．いきなり，大音声で怒鳴りつけた．すると，言い訳が始まった．

学生：磁気軸受は安定に浮上していました．買い物は，わずかな時間しか掛からないので大丈夫と思ったのです．
先生：わずかな時間とは1分なのか．それとも2分までなら大丈夫なのか！どのような規準でわずかと決めるのか！　お前の規準と事故の発生は無関係だ．

聞くまでのない予想どおりの言い訳である．そのため，さらに血圧急上昇の私は，反省のために1週間の登校禁止を言い渡した．

【学生の提案】

謹慎明けに，学生が改善を提案してきた．図3.3に示す「5軸 AMB（active magnetic bearing）実験終了時確認事項」という貼り紙である．このほかにも，

図3.3　実験の注意事項の貼り紙

主電源のオン/オフに関する注意喚起の貼り紙も用意されている。「先生，これで大丈夫です。」と破顔した。一抹の不安はあったが，自身で対策を考えてきたことを愛でて実験再開を許可した。

【実験を離れる寂しさ】

登校禁止で実験ができない寂しさが堪えたのだ。仕事をさぼったとき，少しだけ快感がある。しかし，仕事を完全に取り上げられると，かえって辛いことがわかってくれたようだ。時間の掛かる計測中も，オシロスコープの時間波形に見入っている彼の姿があった。実験終了直後には，実験機器の後始末を，私の言ったとおりに**指差確認**（ゆびさしかくにんとも言う）していた。

ここまでは良かった。その後，貼り紙の脱落のたびに貼り直しがあり，そのため図3.3のように破れが生じた。そのままとなっている。そして，稼動している実験装置から離れて，しばしばパソコン操作をしている彼であった。注意書きは，時間経過によって風化するのだ。

3.9 注意書きは景色の一部となる（その2）

【概　要】

温泉の楽しみの一つは露天風呂に入ることである。ほとんどの場合，大浴槽の隣に露天も用意されている。趣向を凝らした露天風呂だけを別の場所に設けている宿もある。

そこは，セピア色の燈火が案内する回廊を通ってたどり着けた。檜の湯船であり，すっかり気に入った。翌日早朝に，再び露天に入ることにした。悦ばしいことに，誰も入浴してはいない。浴衣を大段にはだけて，勢いよく湯船に入った。しかし，着替えを終えて引き戸を開けたとき，そこに子供たちを含めた数人の女性たちが待っていた。

私：どうされましたか？　ここは男性用ですよ。

女性の一人：いえ，違います。女性用です。

すみませんと謝ってはみたもののおかしい。自分は間違ってなんかいない。

格子戸を出て，急いで東屋風の建屋正面に回り込む。なんと「女湯」と表示の小さなパネルがあるではないか。これを見落とす間違いをおかしていたのだ。

【清らかな言い訳】

若い女性が入浴している湯船に，勢いよくつかる醜態だけは避けられた。それにしても，格子戸の前には，藍染の「男湯」とあかね色の「女湯」という湯のれんを掛けることは日の本(もと)の常識である。これがなかったのだ。湯のれんの代わりの手作りパネルなどで，人を正しく誘導できるものなのかい。できはしない。でも，表示はあったのだ。ここは，正直に，近眼と，老眼と，虚弱性体質と，そのほかのもろもろの事情のために入口を間違えたと言うしかない。しかしだ，謹厳実直高潔無比な私の清らかな言い訳は，初老の男が女湯に乱入という事実の前には，風前のともし火なのかもしれない。しばらくの間，もしもの警察での事情聴取に思いを巡らせていた私であった。

【景色の一部となる】

後で考えてみれば，趣向を変えた湯船をお客様に楽しんでもらうため，夕刻と翌日早朝の湯船を入れ替えることは当然であった。そう言えば，あの旅行のときにも趣を異にする露天風呂を二つ楽しんでいた。しかし，どのようなわけか，この旅館の場合に限って，特別の理由もなく早朝も昨晩と同じ湯船と思い込んだ。建屋正面のごくごく小さいな，くどいが極小のパネル表示の文字は眼に入っていたはずだ。しかし，泉質の効能書きや入浴にあたっての注意事項などの文字と同様にしか認識できなかった。これはもう間違いない。

注意書きは時間の経過とともに景色の一部と化すのだ。

3.10　重量物持ち上げ作業に見る事故の予感

【概　要】

卒研生あるいは修士学生向けの研究機材として，研究室には真空機器の**ターボ分子ポンプ**がある。図3.4はこの外観写真である。これは制御技術のかたまりである。ここでは技術の詳細を説明しない。この装置を人の力で運ぶ作業

3.10 重量物持ち上げ作業に見る事故の予感

図 3.4 ターボ分子ポンプの外観

の話をする．開発者から，重量は約 70 kg 程度と聞かされている．確かに重い．しかし，一人で運べないほどではない．このことは自身の身体に経験させている．

さて，新しい実験機器が研究室に入ってきたので，ターボ分子ポンプの置き場所を変えることにした．広くもない実験室内で設置場所を変える程度の移動距離だ．学部 4 年の男子学生に，移動場所を指してターボ分子ポンプをそこに運べと言った．ところが，両腕は情けなく震え出し，そして持ち上げを諦めた．「私は運ぶことができた．経験済みだ．だから，君に無理なことは要求していない．」，「腕だけで持ち上げようとしている．だから肘が曲がる．」，「肘は伸ばしたまま，身体を使って持ち上げよ．」と言った．ところが，要領がわからない．そこで，手伝うことにした．学生と私が向き合って，ターボ分子ポンプを持ち上げるのだ．ここに至っても，学生の両肘は，装置の持ち上げで曲がる．相変わらず腕だけで持ち上げようとする．持ち上げの負担は一人に比べて軽減されるはずだが，対面する学生の腕が震えるので安全に運べない．荒々しく自分でやると言って，男子学生の作業中止を言い渡した．

数年後に，女子学生が研究室に配属された．彼女にはターボ分子ポンプを使った継続の研究テーマを与えた．当然，同ポンプを移動させる作業も発生した．この作業を女子学生に命令することは非情なことであろうか．少しだけ迷った．運べなかった昔の男子学生のことが頭をよぎったからである．いや，女子学生に甘い態度で接してはならない．心を鬼にして，人の力による重いターボ分子ポンプの運搬を指示した．装置を落とすと怪我をするので，足元に

注意しなさいとだけ言った．そして，女子学生の作業を見守った．彼女は，両腕を伸ばしたまま身体を使ってターボ分子ポンプを持ち上げ，危なげなくこれを移動させた．過去の経験から彼女の身体が自然に覚えている運搬方法だ．むむ，おぬしできるな，と心の中だけでほめてあげた．この作業ができるならば，もっと慎重な段取りを要する作業もできるであろう．

次に指示した作業は，ターボ分子ポンプを横倒しにし，この姿勢のままで長めのボルト2本を使って吊り下げることである．彼女はお気に入りのつなぎに着替えた．床に寝そべり，あるいは装置と吊り下げ治工具とを交互に見比べた後，見事に作業を終わらせた．図 3.5 のように，横倒しのターボ分子ポンプを吊り下げることができたのである．怪我をさせてならないので作業の様子を見ていたが，注意を与えなければならない危ない行動は一切なかった．安心して見ていられた．

図 3.5 横倒しのターボ分子ポンプの吊り下げ

【力仕事のコツ】

この事例を単純に解釈すれば，男子学生が非力で，たまたま女子学生が力持ちであったということになる．しかし，違う．たぶん腕相撲では男子学生のほうが女子学生をねじ伏せていたはずである．非力な体型の男子学生ではなかったからである．

言いたいことは，力仕事に対するコツを男子学生が自然に身に付ける体験を過去にしてこなかったことに対する恐れである．この学生にモノをさわる仕事

を与えた場合には，怪我を招く危険を感じた。この感情は，付随する仕事に対する**段取り**が欠如していることからも，より強固になった。

　図3.4のターボ分子ポンプを彼に代わって運搬したとき，彼の立ち位置が不適切のみならず，作業前にすべき下準備にまったく気づかない。作業の邪魔になる場所にボーと立ちすくむのである。加えて，運搬時に邪魔になる床に放置の工具などを事前に片付ける，ということにまったく考えが及ばない。考えられないから行動も起こせない。だから，「移動の邪魔になるので，そこの工具を片付けろ。」，「運搬の邪魔になる椅子を排除しろ。」，「移動中に，身体があの装置に接触したとき落下させてしまう。もしもの接触がないようにスペースをあけよ。」という指示を逐一だした。そのため，しだいに大音声となり，最後には罵声に近い言葉使いになっていた。次になすべき作業を，いまの作業内容に基づいてイメージできない。このことが腹立たしかった。

　一方，重量物のターボ分子ポンプを難なく持ち上げ，これを運搬できた女子学生は，工具箱から作業に必要なモンキー（2.1.2項の技術会話の例6）を取り出し，これを使って均等にねじ締めをすることなどが，私の指示を待つことなくできた。そして，作業終了後には工具の片付け，床の清掃もルンルンの行動がとれていた。

【事故の可能性の想像】

　重量物であるターボ分子ポンプを運搬ができなかった男子学生が，在学中に事故を起こしたわけではない。もちろん，就職先の職場で失敗あるいは事故を起こすことを呪うものでもない。職場での訓練を通して，作業の段取りが見通せるであろう。

　しかしだ。カンが悪い者の場合，訓練メニューの範囲でしかスキルの獲得ができない。そして，もし身体を使った作業は現場作業者の仕事であり，将来の知的労働者の自分が関与するはずがないと思っていたとしたらじつに怖い。作業の勘所をとらえることに無関心な者が，上席の管理者になったときは恐ろしい。現場からの事故情報を身にしみて感得できない者が，適切な予防措置をとれるわけがないからである。

4. 機械はやさしく

　見るからに華奢な機械がある。当然，慎重な扱いをする。一方，見るからに重たく，そして頑丈な機械の場合，どうしても乱暴な扱いになりやすい。華奢であろうがごつい機械であろうが，やさしく慈しみの心を持って扱わねばならない。

4.1　プリンタのトレイ故障事件

　ドロー系ソフトの機能は充実している。全画面を黒に塗りつぶしこれに白抜きの文字を入れたプレゼンテーション資料，あるいはカラフルな着色のものが安易につくれる。そして，プリンタの印字品質は，本体価格が安い割にはきわめて良好である。高速印刷も可能だ。そのため，学生は大量のインクを消費する全画面黒塗りの資料にもかかわらず，安易に印刷する。それも，学会口頭発表用の資料として，教員に最初のチェックを受けるものを，である。さらに，吝嗇家（りんしょくか），簡単に言うとケチである筆者を烈火のごとく怒らせる所業は，手直しが必ず発生する未完の資料を新品の紙に印刷することである。学生数が多いため，紙の消費量はばかにはならない。そして，酷使されるプリンタの行く末がいつも心配であった。

・【概　要】

　プリンタには，印刷用紙をストックする紙供給トレイがある（図4.1）。乱暴者でもない学生が，このトレイの開け閉めのときにいくぶん高い耳障りな音を発生させる。これを聞きつけるたびに「丁寧に！　機械はやさしく，やさし

図 4.1　プリンタの紙供給トレイ

く扱いなさい。」と注意する。しかし，学生は粗暴な扱いとは露ほどにも思っていない。だから，翌日には再び，耳障りな音を出してトレイを開閉させる。何らの罪悪感もない。それは，当然である。トレイを閉めるとき，力の入れ加減によっては綺麗に押し込めず，数回の押し込み動作が必要になる。しかし，勢いよく押し込んだときには，ピタリと押し込めるからだ。薄いプラスチックのトレイは見たとおり，そして触ってみても華奢である。だから，悪い予感があって，わざわざ「開閉は丁寧に！」のラベルを図 4.1 のように貼っている。それにもかかわらず，ある日教員室に入ってきた学生が，プリンタの故障を報告した。

学生：先生，卒論の印刷をしたいのですが，プリンタが壊れたみたいです。
先生：どのように壊れたの？
学生：トレイの紙が自動送りされないのです。
先生：紙を1枚ずつ手さしで送って，とりあえず印刷しなさい。
学生：時間が掛かります。
先生：わかりきったことを言うものでない。やりなさい。

　しばらくして，また報告があった。
学生：手さしでも印刷できません。

　購入してから2年も経っていない。廃棄は簡単だ。しかし，吝嗇家の血は大いに騒ぐ。未練のため「原因を探ってみてほしい。」と学生に指示した。トナーカートリッジをすべて外し，プリンタ本体にたまったごみや，飛散したインクを掃除機で清掃した。さらに，溶剤を使って飛散したインクのふき取り作

業も行わせた。しかし，プリンタは印字してくれない。このときのエラー表示を取扱い説明書で確認する。いま現在の現象を明快に説明していない。「こんなもんだよ。取説（とりせつ）ってやつは！」とメーカーを侮蔑する言葉が出てくる。その後，やっと学生たちが原因箇所を特定してくれた。

【やさしく扱えと言ったのに】

図 **4.2** はフロントパネルを開けたときの写真である。この中央部に，つめのような形状の部品がある。同図右側の吹き出し内に示すコイルばねによって，このつめはある角度だけ動き，そして復元する。ばね入りにもかかわらず，これが利かない状態になっている。視力に優れた学生の観察によれば，狭い箇所にコイルばねが組み込まれており，つめが破壊しているため脱落寸前とのことである。「くそ～，ここだけが問題で，プリンタとしてのメイン機能は問題ないのだ。」，「トレイの開閉が乱暴なため，つめを壊した。」，「くどいほど，やさしく扱えと言ったのに。」と愚痴ばかりが出てきた。

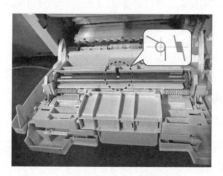

図 **4.2** つめの損傷

【OA機器は壊れるもの】

研究室の運営をはじめてから 10 年以上だ。いままで何台のプリンタを廃棄したのだろう。指を折ると 5 台までは数えられた。記憶力減退のため，実際にはもっと多いだろう。トレイをやさしく扱え，紙のケバを掃除しろ，カセットをやさしく入れこみなさい，と小姑のように口やかましく言ってきた。最近のプリンタを含む OA 機器は脆弱であると，納得するしかない。つまり，壊れる

ものだと諦めるしかない。やさしく扱えという小言を繰り返して，可能な限りプリンタの使用期間を延ばすしかない。

諦めた後でも，男は未練がましい。たまたま，プリンタを売り込む突撃販売員が訪れたのでここぞとばかりに，「壊れるようにつくってはいませんか？」と怒らせる質問をぶつけたところお客対応にそつはない。さすがである。微笑みを浮かべて「決してそのようなことはありません。」と予想どおりである。しかし，さらに畳みかけると「いや〜，軽量化とコストダウンを図るために，昔のプリンタに比べると確かに華奢になっています。そのために機械的には弱くなっていることは確かです。」と，客の私がこれ以上に怒らない回答をした。これも，培ってきた営業術である。

4.2 ねじ締め事件

学生を研究室に誘引するには，産業応用に資する研究課題であるとか，理論の検証を通して実用化を図る，などという高尚な理由だけではだめだ。このように思った私は，ホバークラフトを使った研究テーマを考えた。年末も押し迫ったころであり，次年度配属の新4年生向け卒論テーマにしようと思っていた。

頭に浮かんだだけの妄想で事を進めるのは危険だ。そこで，年明け初売りの日に大手玩具店に行って，おおよそ7000円のホバークラフトを自費購入した。学部4年生向けの研究テーマとして適切な研究素材であるかを，まず自分の操縦で確認するためである。

【研究テーマの概要】

図4.3左下が購入した玩具である。これにジャイロセンサを，かたい言葉で言えば1自由度角速度検出ジャイロ[1]を装着させる。そして，ホバークラフトの運動を検出のうえフィードバックを行って，直進や回転の走行を思い通りにさせよう。直進走行の操縦は意外に難しい。だから，ジャイロセンサを使えば，傾斜している居室前の床を直進走行させられると確信した。

72　　4. 機械はやさしく

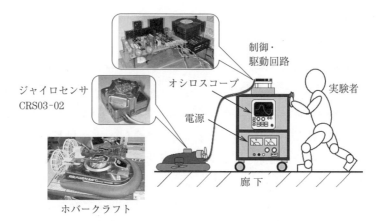

図4.3 ホバークラフトと走行実験の様子

　問題はあった。機体の浮上用モータと，機体後部に取り付けられた2個の推進用モータの合計三つに電流を流す回路をどのようにするかである。各モータに電流を流している電流ドライバの回路図面は入手できるはずもない。そこで，機体を徐々に分解した。これは経験がない学生には任せられない。分解の最中に壊す確率が高いからだ。すると，モータにつながる配線パターンを電子基板上に見い出せた。モータの配線パターンを切断し，これに電流ドライバを接続すればよい。電流ドライバは，回路図を示して学生に自作させよう。電流ドライバが完成した後，これにジャイロセンサの信号を補償する回路出力を接続すればよいのだ。

【実験結果】

　まず，**図4.4**は，直進走行の実験データである。ジャイロセンサの**フィードバック**（図中，FBと略記）がない場合，直進軌道を外れて壁に衝突する。一方，ジャイロセンサの出力をフィードバックしたときには，容易に直進走行を実現できた[2]。次の**図4.5**は旋回走行の実験データとホバークラフト旋回時の様子である。ジャイロセンサによる補償がない左側の場合，円軌道にはならない。一方，ジャイロセンサの補償をかけた場合には，右側のように円軌道の旋回が確認できた[3]。

4.2 ねじ締め事件   73

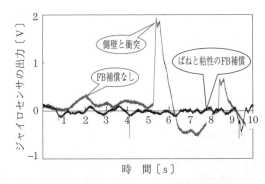

図 4.4 直進走行の実験データ

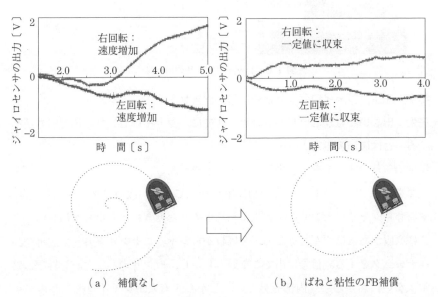

（a）補償なし　　　　　　　　（b）ばねと粘性のFB補償

図 4.5 旋回走行の実験データとホバークラフト旋回時の様子

【ミスの概要】

　ジャイロセンサの価格は5万円程度であったと記憶する。ホバークラフトよりも高価なことは仕方がない。学生を楽しませる研究テーマなのだ。

　まず，電源を投入してジャイロセンサ単体の動作確認をさせた。具体的に，ジャイロセンサそのものを手動で振り回し，この動作に応じた信号が出ることを確認した。次に，ジャイロセンサをホバークラフト本体に固定しなければな

らない.そこで,図4.6のように,金属板にジャイロセンサをねじ止めさせた.そして,再びジャイロセンサに電源を投入して,同センサから信号が出ること確認せよと指示した.

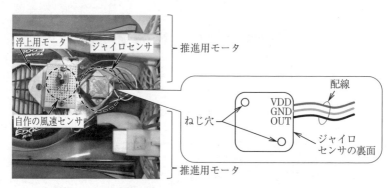

図4.6 ジャイロセンサの取付け

学生:先生,ジャイロセンサから信号が出ません.

先生:出ないわけがないじゃないか.すでに,ジャイロセンサ単体で出力があることは確認済みだ.

学生:そうです.でも,出力信号が出てきません.

　順を追ってジャイロセンサの動作確認をしてきた.次のアクションのとき,すなわちジャイロセンサを金属板にねじ止めしたときに出力信号が出ない.ここに原因があるはずだ.そこで,金属板からジャイロセンサを外して,再び動作チェックをする.信号は出てこない.しかし,センサのパッケージ外観に異常はない.おかしい.内部を見たい.しかし,素人がジャイロセンサのパッケージを外すわけにもいかない.外せても,チップ部品搭載の回路基板を眺めるだけとなる.そこで,故障原因を調べてもらうため,現品をメーカーに送付したところ数日後に,電話がかかってきた.

メーカー担当者:ねじを深く入れたため,内部の回路基板を傷めています.

私:センサケースの厚みに対して,長いねじを無理やり入れ込んではいません.適当な長さのものであり,突き当ててはいません(図4.6右側の吹き出し参照).

メーカー担当者：取扱い説明書を見ていただけましたか？ 適当な長さでは困るのです．ねじ挿入の長さに制限があります．それ以上の長さを入れ込むと，電子基板に衝突してこれを痛めます．修復はできません．新品を購入しなおすしか，手がありません．

私：ユーザーが不用意にねじ締めをしても，心臓部の基板に当たらないようにすべきではないですか．

メーカー担当者：小型化を追究した**MEMS**（micro electro mechanical system，微小電気機械素子のこと）センサです．指示どおりの取扱いをお願いします．

取扱い説明書の注意書きを見落としたわれわれに責任がある．メーカーには愚痴を言ってみたかったのだ．決して，代替品を無償で貰おうという卑しい根性は持ち合わせていなかった．このように言っておく．しかしだ．モノによっては，たかがねじ締めと侮ってはならないのだ．

4.3 空圧レギュレータの破壊

【概　要】

「こんなに頑丈なものを，なぜ壊すのか？」と学生には多少オーバーに言ってみた．自覚を促し，失敗の再発を避けるためである．しかし，破壊の事実は信じられなかった．だから，壊した**空圧レギュレータ**を自室に持ってこさせた．**図4.7**がこの写真である．

図4.7の空圧レギュレータとは，左側のIN（1次側）から流入する圧縮空気の圧力変動を，右側のOUT（2次側）では減圧のうえ変動を抑制する機能を持つ空圧機器の一つである．図面上部に示すハンドルの手動開閉によって圧力計の目盛に針を合わせ込んだとき，2次側に所定の圧力が設定される．不用意にハンドルが操作されると設定の2次圧力が変わる．そこで，ハンドルの上下シフトにより，ハンドルのロックと解除ができる．学生は，図4.7の空圧レギュレータを使って，**静圧軸受**を使ったステージへの供給圧を決める試行錯誤

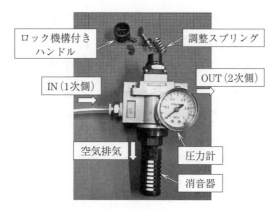

図 4.7 破損した空圧レギュレータ

の調整を行っていたのである。

【破損箇所】

図 **4.8** のようにプラスチック製のハンドルの裏側には，金属製のねじのシャフトが埋め込まれている。ハンドル操作によって，このシャフトが動かないようにするためである。具体的に，仕切りの壁がハンドルと同一のプラスチックで成形されており，ここにシャフト先端の金属板を埋め込んでいる。ハンドル操作が乱暴であったため，金属板の角でプラスチックの仕切り壁を切りとり，そのためハンドルがもげて 2 次圧力の設定を不能とした。

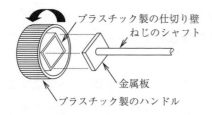

図 4.8 ハンドル部の構造

【原　因】

空圧レギュレータを備える産業機器の場合，ほんの数回だけハンドルの開閉調整をした後は，これをロックした状態で使い続ける。しかし，試行錯誤の調整のため，ハンドルの開閉，ロック，そしてロック解除後の再調整という連続的な操作を何回も行っていた。ロック解除を確実に行ってから，ハンドルの開

4.3 空圧レギュレータの破壊

閉を行えば破壊に至ることはなかった．しかし，ロック解除のつもりで，じつは半ロックのままハンドルを開閉することを何回も行っていたのであろう．そのため，シャフト先端の硬い金属が，プラスチックの弱い壁を突き破ったのである．

ほかの学生にも空圧レギュレータを扱わせている．私自身も企業の開発者時代に扱った．しかし，ハンドルを破損させたことはない．つまり，図4.7のような破壊を招いた学生は，彼一人だけである．このように，彼の所業を特異なものと決めつけ，厳しく彼を叱責すれば一件落着である．しかし，このような破壊を招くかもしれない前兆現象が彼の行動にはあった．これを見過ごしたことが本当の失敗である．

ドライバ先端がねじ形状と合わないとき，確実な確認を取らないまま数種類のドライバを中途半端に回す作業を行っていた．このとき，ねじ山を削らなければよいなと思った．しかし，作業に没頭している．だから，注意しなかった．また，測定器を隣の机に移動させるとき，落ち着いてやればよいものを，落とすあるいは本棚にぶつけていた．壊れない程度のため，見て見ぬふりをした．さらには，精密機器をお尻で引きずり，実験机から落下させたこともあった．たまたま観察用の分解品であった．だから，何らの注意もしなかった．これらの性格から，将来なんらかの失敗ある は事故を起こす予感はあった．だから，憎まれても厳重な注意を与えておくべきだったのだ．

さて，注意に対して真摯な人間と，何度の注意にもかかわらず同じ失敗を繰り返す人間がいる．図4.7の空圧レギュレータを破壊した学生の場合，幸いなことに前者であった．新品の空圧レギュレータ購入に数万円掛かったことを彼に知らせて以降も，何回かの注意は与えた．そうして，徐々に，間抜けな失敗はなくなった．もし，度重なる注意にもかかわらず，その後も相変わらずのときには，研究テーマを変えるしかなかった．変えたほうが本人のためになるのだ．

それは，「わんこ」が嫌いなのに，無理に好きになろうとしても徒労に終わることに似ている．根本的に相性が合わなければ，お別れするしかない．ここ

で，説明不要とは思うが，「わんこ」とはお犬さまのことである。ディズニー映画「わんわん物語」の主人公の一匹は，お嬢様のレディである。飼い主から「犬」と言われて，彼女はしょぼくれてしまう。だから，可愛く「わんこ」と呼んであげねばならない。

4.4 半田ごての破壊

　私にも身に覚えがある。企業在職のとき，**半田ごて**を壊した。言っておくが，入社したての若いころだけだ。私も壊したのだから，学生の誰かが半田ごてを壊すであろうと思っていたところ案の定，「先生，半田が溶けないのです。」という報告を受けた。「壊しました。」と素直に言ってくれれば良いのにと思ったのと同時に直接的な報告でないことに少し腹を立てた。だから，「半田ごてを壊したに決まっているだろ。」とぶっきら棒に応じたことがある。

【破壊の原因】

　図4.9のように，熱容量が大きい金属にもかかわらず，発熱量（ワット数）が小さい半田ごてを使って**予備半田**（5.1節）を行ってしまう場合がある。金属に半田ごてを押し当てる力の強弱と，半田が溶けて金属に流れ込むことは無関係である。理屈では了解する。しかし，なかなか半田が溶けて金属に流れないことにイライラして，半田ごてと金属との接触具合があまいと身体が感じ取る。そのため，半田ごての先を金属に強く押し付けてしまう。つまり，柄に力を入れるということを何回も繰り返すので，図4.9のAの部分をポッキリと

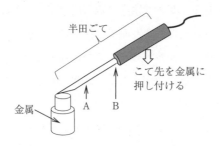

図4.9 半田ごての破損箇所

折る．あるいは，Bの部分を骨折のようにブラブラさせてしまうことになる．

【対　策】

「半田よ，半田よ，溶けなさい．」と情念を込めて半田ごてを力強く押し付ける．この愚かさは，半田ごてを壊した後にわかる．熱容量の大きい金属への半田付けの場合，発熱量が大きい半田ごてを使わねばならない．これが，無用な破壊を招かないための真っ正直な対策となる．

そして，「肩に力を入れずに軽く半田ごてを持つ」，「半田ごてを軽く部品にあてる」，そして「半田は溶けるまでじっと我慢する」という一連の行動が自然にとれる訓練が必要である．

4.5　ねじは緩むもの

頑丈そうなねじ止めでもねじは緩む．ある日，空気圧を使った位置決めステージの実験をしている学生から報告を受けた．「調子が悪いのです．」，「位置決めができないのです．」という内容である．

【実験装置の概要】

実験装置は**図4.10**である．左右に各2本の**エアーシリンダ**を備える．そして，このエアーシリンダへの空気を給気・排気する**サーボバルブ**がある．右側2本のエアーシリンダに空気を送り込み，反対の左側2本のシリンダの空気を

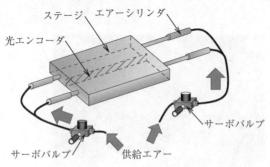

図4.10　エアーシリンダを使った空圧ステージ

80   4. 機械はやさしく

抜くようにサーボバルブを操作したとき，ステージは左側に移動する．そして，ステージ移動の位置情報を得るため，ステージ中央には**光エンコーダ**が組み込まれている．

【原因の特定】

いままで快調に実験をしてきており，面白いデータも出ている．なぜ急にステージが動かなくなったのであろう．学生からは「実験最中にキュッキュッという奇妙な音が発生した．」という報告だ．それは，聞き慣れた圧縮空気の供給音でもなく，機械同士が擦れる音，すなわち転がりベアリングからの音でもないという．私の耳も，学生の報告どおりの異音を聞き取った．

もしや．のぞき窓から光エンコーダのガラス面を覗き込んだ．空圧ステージの組込み状態を**図 4.11** に示す．図 4.11 上段右側の吹き出し内のように，目盛が刻印されたガラススケールに対向して，エンコーダヘッドがステージ側に装着されている．このエンコーダヘッドは，左側の吹き出し内の治工具に取り付けられている．

図 4.11　空圧ステージの組込み状態

ステージを手動で動かし，覗き窓からガラススケールの表面を観察すると筋状の傷がついてしまった．おかしい．ガラス面にエンコーダヘッドを衝突させてはいないはずだ．なぜならば，ギャップ調整のための六角ボルトはかたく締まっている．しかし，ガラススケール面を損傷させたことは間違いない．そこで，エンコーダヘッドを取り出し，これを手元に持ってくる．すると，エンコーダヘッドを治具に固定するねじの1本が完全に脱落しており，そのためエンコーダヘッド面がガラススケール面を擦っていたのである．

【真の原因】

ねじの緩みで光エンコーダのヘッドが脱落した．これではヘッドがガラススケールに機械接触する．なぜ，ねじが緩んだのかが問題である．ねじの締めつけトルクが不正だった，ねじを噛ませるねじ長が短かった，そしてねじの本数が少なかった（図4.11では2本）などの原因が考えられる．しかし，この位置決め装置は過去3年以上の長きにわたって使い続けてきた．その間に今回のような問題は生じていない．

じつはこの事故を起こして，原因がはっきりとわかった．最近，ステージの位置決めデータを取得するとき発振させる場合が多かった．**図4.12**は，ステージ駆動時のパラメータを変えたときの位置決め波形である[4]．合計5本のデータを重ね書きしている．パラメータを適切に設定すると，発振はなくなってきれいな位置決め波形になる．このことを明々白々に示すため，比較データ

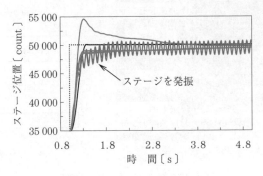

図4.12 ステージの発振波形

としてステージを発振させていた。

発振波形のときのステージは，高い周波数で左右にブルブルと動く。この反作用で，ステージを設置している机もガタガタと振動する。機械にとって危ないとわかっていた動作をあえてさせていた。図4.12のデータの取得以外の場面でも，データ同士の比較のために，何十回と，それも長時間にわたる発振を許していた。

つまり，このような発振によって，ねじが緩んだのである。たかがねじの緩みが，高価なガラススケールを壊した，ということである。ねじは緩んでしまうものなのである。

4.6　機械は生き物のように動く

図4.13(a)は，**空圧式除振装置**である。図(b)はこの構造を簡略化したものである。床と除振台の間に，空気ばねが介在していることが特徴である。空気ばねのばね定数は弱いので，床の振動を除振台上に伝えにくくする働きがある。この装置に問題が発生した。

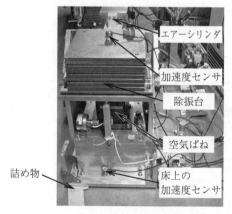 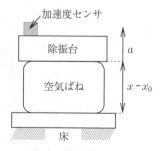

（a）実際の装置　　　（b）簡略図

図4.13　空圧式除振装置と簡略図

4.6 機械は生き物のように動く

【概要（装置の状態）】

学生：除振台の浮上時の振動波形が奇妙になっています。

先生：奇妙ってなに？

学生：それが……，よくわからないのです。なんと言うか，動きがしぶいと言うか。装置を見てください。

先生：（装置を触って）なるほど，除振台の動きが滑らかではないな。おかしい。

　除振台の動きを目で見て触ってみて，明らかにおかしい。そこで，つぎにはオシロスコープを使って「おかしさ」の程度を観測せよと指示した。「おかしい」という一言では，機械設計者の納得は得られないので，「なるほどおかしいね」と納得させられるラフなデータでよいので準備するようにと言い添えた。

　そこで，平衡浮上位置のある除振台を手動で下方に押し付け，次にこの力を抜いたときの除振台の上下運動を観測した。おかしくないとき，つまり通常の動作のとき図 **4.14** の実線に示す波形となる。制御工学の技術用語を使うと**減衰振動波形**である。水平方向は静圧軸受を使って非接触となるため，手動による力によって除振台はスムーズな上下動を繰り返す。ところが，図 **4.14** の破線のように，減衰振動が抑えられて即座に平衡浮上位置に戻るという上下運動となっていた。「動きがしぶい」ということが，減衰振動波形の即座の消滅というデータで示されたのである。なお，図 **4.14** は説明のための作図であり，実測データではない。

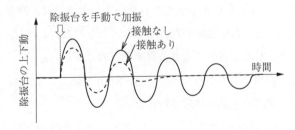

図 **4.14**　機械接触の有無による除振台上下動の波形（模式図）

【原　因】

図 4.13 は約 120 kg の除振台を鉛直方向だけに限定させて可動させる装置である。水平方向の動きを規制するために，図 4.15 に示す静圧軸受を使っている。このため，水平方向の動きは静圧部のギャップ 3〜5 µm 程度となる。このギャップを確保できたとき，鉛直方向だけに滑らかに動く。だから除振台の動きがしぶくなった理由は，鉛直方向に動いたとき，ギャップが狭まる箇所があるからだ。図 4.15 を参照して，支柱に固定されている**セラミクス**と，除振台に結合される可動側セラミクスの静圧面が個体接触したからにほかならない。

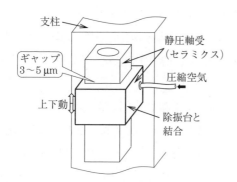

図 4.15 静圧軸受の空隙

【ミクロンメートルの感覚】

静圧面が個体接触すれば，当然のように，除振台はスムーズに上下動しない。しかし，なぜ，長く使用していた図 4.13 の装置において，ここに至って静圧ギャップにわずかな接触が生じたのかが問題である。

まず，ミクロンメートルの感覚をつかんでおきたい。私の髪の毛の直径をマイクロメータで計測すると 55 µm であった。若いときには，理髪店のはさみを泣かせた剛毛であった。加齢のため細くなったものだ。しかし，この程度の髪の毛であれば，目を凝らして太さの程度を判別できる。しかし，静圧ギャップは，髪の毛の直径よりもさらに小さい 3〜5 µm である。とてもじゃないが，人間の目でこの隙間の有無は見分けられない。

次に，図 4.15 の機械構造を見る。注目する箇所は支柱である。断面は 120 × 120 mm，高さ 500 mm である。なんと，この支柱全体を**無垢材**から削り出

している。機械工学の用語を使って，剛性を確保するためである。通常，コストを考慮するならば，加工しやすい寸法のもの同士をボルトで結合して，支柱を製作するであろう。しかし，高剛性の機械とするには，ボルトを使った嵌合(かんごう)が少ないほうがよい。嵌合部分で機械の剛性が弱くなるからだ。だから，剛性が高くなるように，無垢材から支柱を削り出して，加工に手間取る支柱としたのである。これが変形すると，静圧ギャップは確保できない。

【生き物のように動く】

しかるに，除振装置は静圧ギャップを部分的に狭めて，個体接触を引き起こした。つまり，機械はいつの間にか生き物のように動いたということになる。どのように，動いたのであろうか。

まず，図4.13(a)の左下の部分を参照して，空圧式除振装置が床と接する箇所に詰め物が入っていることに注意したい。これを入れないと，静圧軸受のギャップが確保できず，したがってスライド面を接触させてしまう。いちべつすると，床は平面と思われるかもしれない。しかし，静圧軸受のギャップ確保の視点で見ると床は平坦ではない。詰め物を入れたときに，装置にとって床が平坦となる。

一方，詰め物を入れないときには，**図4.16**右側のように装置全体がわずかに傾き，可動物体の除振台にモーメントが作用し，そのため弱い水平方向の剛性ではギャップを持ちこたえられない。だから個体接触する。

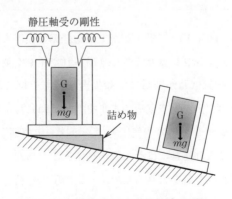

図4.16 装置の傾きと静圧軸受の剛性

つまり，詰め物を入れて静圧軸受が個体接触しないようにしていたのである。しかし，時間を経て接触させてしまった。ちなみに，図4.13の装置は，一人の力ではびくともしない重量である。二人がかりでも，この装置を1cmすらずらせない。だから動いたとは考えにくいかもしれない。でも，動いたのである。なぜなのであろう．

図4.13の装置では，空気ばねに空気を供給して約120kgの除振台を1.5mm上方の位置まで浮上させる動作を行う．もちろん，この平衡位置から下降させる動作も行わせる．実験に失敗したときなどは，下降時の機械衝撃が床に伝わる振動を感じ取れるレベルである．この動作を過去に何回も行わせている．また，除振台をブルブルと発振させてもいる．このような動作によって，図4.13の装置は尺取虫のように床上を動いたと考えられる．また，大量のボルトを使って部品同士を嵌合しているにもかかわらず，除振台の上下動に起因する反力によって，いくつかのボルトの緩みがあった．また，図4.13の装置の向きを変えるためこれを少しだけ移動させたとき，装置重量による床の窪みが認められた．だから，床も徐々に変形していたのである．

結論は，剛で重量物の機械と言っても生き物のように動く，ということである．

4.7 空気漏れ事件

空圧式除振装置（図4.13）に対する空気供給経路の概略を**図4.17**に示す．最終的には，**エアーコンプレッサ**でつくり出された圧縮空気を空気ばね内に導く．そうすると，空気ばねが膨らんで除振台を持ち上げられる．しかし，エアーコンプレッサの突出圧縮空気そのままを空気ばねには導けない．なぜならば，エアーコンプレッサ出口の空気圧力は，ほぼ一定周期で上下動しており，しかも空気ばね内に入れ込むにはその値が高すぎるからだ．

そこで，空気ばねへ空気を入れるために，供給圧力を落とすとともに，圧力変動をならす．このために，レギュレータを備える．この入力側には，圧力が

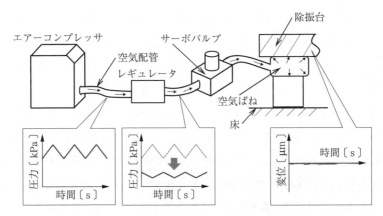

図 4.17 空圧式除振装置に対する空気供給経路

高くしかも揺動しているコンプレッサからの圧縮空気を入れる。すると，レギュレータの出口では減圧され，かつ揺動が緩和された空気が出る。この空気はさらにサーボバルブに導かれている。このバルブは一種のモータであり，電流値に応じて弁の開閉量が定まる。したがって，レギュレータ出口において減圧かつ平滑化された空気を，サーボバルブの弁の開閉によって調整のうえ空気ばねに入れられる。

【概　要】

このところ，順調に実験が行われている。だから，今日も元気だ煙草がうまい（日本専売公社の宣伝ポスター，1957 年）。しかし，この平穏は問題発覚の報告によって容易に破られる。

学生：除振台は浮きますが，空気ばねの内圧がおかしいのです。

先生：おかしいとはなに？

学生：**圧力センサ**の出力に大きなノイズがのるのです。

先生：また，例によって圧力センサの配線があまいのではないのか（5.2 節）。
　　　配線が切れかかっているとノイズ状になる。確認したのか？

学生：配線の件は知っています。だから，もちろん確認しました。

【犯人さがし 1（配管交換）】

異常な現象は，圧力センサの故障や電気的ノイズでもないと考えられた。理

88　4. 機械はやさしく

由は，異常発生の数日前に，新たな配管をつなぎ直す作業を行っており，これ以降の現象のためである。つなぎ直した箇所を見ると，配管と継手に見た目でもわかるテンションが掛かっていた。そこで，機械的な負担をかけない配管の引き回しを指示した。つまり，配管を取り替えさせたのである。

　配管交換の効果を確認した結果つまり，空気漏れの有無による空気ばねの内圧を示すグラフを図 4.18 に示す。同図において，「空気漏れあり」の波形は，空気ばねに一定量の空気を供給しているにもかかわらず，時間経過の後に圧力低下がある。空気漏れを示す証拠の波形となっている。一方，数日前に作業を行った箇所に着目して，配管取り替え作業をしたところ，「空気漏れなし」に示す波形となった。この波形は，振動的な過渡現象の後に一定の値に落ちついている。だから，漏れはなくなったのである[5]。

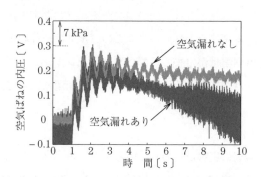

図 4.18　空気漏れの有無による空気ばねの内圧

【犯人さがし 2（圧力センサ交換）】

学生：先生，空気漏れはなくなったのですが，観測した圧力センサの波形はまだ太いのでノイズはのっています。以前の波形とはまだ違います。

先生：大きな空気漏れはなくしたが，まだ少量の空気漏れがあるのかな。わけがわからんが，早急に実験を再開したい。アクションをとることを優先したい。圧力センサは滅多に壊れない。いままで壊れたことなどない。たぶん圧力センサの故障ではないとは思うが，まず，新品と交換してみよう。そうすれば圧力センサに原因があるのか，そうではないのかはすぐにわかる。だか

ら，新品と交換して！

学生：わかりました。交換します。

　一言で，新品の圧力センサに交換せよと指示した。命令なんか簡単だ。しかし，作業には手間ひまが掛かることは知っている。翌日の午後あたりに，学生から報告があった。

【犯人さがし3（空気漏れの確認）】

学生：だめです。新品の圧力センサを使ってもノイズがのります。

先生：いやに落胆しているじゃないか。少なくとも，圧力センサが犯人でないとわかった。だから，犯人の候補の一つが消えたのだ。ほかの候補に注意を向けられるじゃないか。

学生：そうでした。ほかの犯人の候補は，コンプレッサ，レギュレータ，サーボバルブ，それに配管ということになりますね。

先生：そうだな。どこから攻める？

学生：エアーコンプレッサの圧縮空気はおもに空圧式除振装置で使用されています。しかし，配管を分岐して，ほかの装置にも空気を供給しています。そのため，配管や継手（つぎて）が入り乱れています。ここら辺がやっぱり怪しいと思います。大きな空気漏れはなくせましたが，まだ空気が漏れていると思うのですが……。

先生：私もそのとおりと思う。なぜならば，継手（つぎて）を使った配管接続を一回やれば，普通はそのまま使い続ける。何回も脱着を繰り返すことはない。しかし，実験装置の都合でわれわれは何度も配管のつなぎ変えをしている。だから，配管と継手に機械的な負担を与えている。このあたりから，漏れている可能性は大いにある。漏れてもおかしいことではない。それでは，作業を開始しよう。

学生：わかりました。でも，配管や継手がものすごく多いので，どこからやればよいのか迷います。

先生：大変だが，まず漏れているのか否かが問題だ。漏れているならば，配管一本ごと，そして継手ごとに交換するしかない。問題は，漏れをどのように

確認するかだな。

学生：……（無言）。

先生：自転車のタイヤがパンクしたとき，その昔は自転車屋さんに修理をお願いした。タイヤからチューブを引き出し，この表面に石鹸水を塗って，パンクの箇所を調べていた。まさか，空気の供給配管に石鹸水をいちいち塗り込むことはできない。配管の外周全体に石鹸水を丁寧に塗る作業なんてできはしない。僕はやりたくもない。やらざるを得ないときは，君が作業をすることになるよォ〜。

学生：たぶん，そのような検査のできるモノがあると思います。調べます。

即座に，学生から報告があった。

学生：先生，ありました，ありましたよ。スプレー式です。配管にシューと吹きかけられます。

先生：うーん，よい。買うぞ！

　これは**ガス漏れ検知スプレー**（商品名：ギュッポフレックス）というものである。発注をかけて，現品入手までに数日を要した。

先生：ガス漏れ検知スプレーが入荷した。作業をやってちょうだい。

学生：わかりました。

　指示の後，まもなくして学生が私の居室に入ってきた。報告のためである。いやに嬉しそうだ。

学生：やっぱり漏れていました。ブクブクしていますよ先生。見にきてください。

先生：そうか，漏れていたのか。

【空気漏れ箇所の特定】

　図 **4.19** の写真は，空気漏れによって泡が発生している様子である。配管と継手のつなぎ目のところで空気が漏れている。配管と継手の両者か，どちらか一方が漏れの原因である。研究室に予備品があるという理由で，まず配管交換を指示した。すると，即座に報告があった。

学生：先生，漏れがなくなりました。

4.7 空気漏れ事件　　91

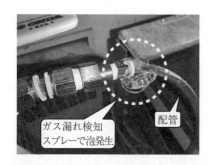

図 4.19　ガス漏れ検知スプレーを使った空気漏れの特定

先生：よかった。よかったよ。配管が悪かったのか。

　この漏れは 1 か所だけではないはずだ。全配管のつなぎ目を調べる必要がある。ガス漏れ検知スプレーに充填された炭酸ガスを，あらゆる配管と継手の箇所にも吹き付けることを指示した。

学生：作業前に，いま使っている空圧配管の全体を，回路図のように描いたほうがよくはないですか？

先生：よい考えだ。やってちょうだい。

　図面完成はその日のうちだった。**図 4.20** に，彼が描いた配管引き回しの図面を示す。研究室の運営当初は，同図右側の「空気ばね」を動かす配管系だけ

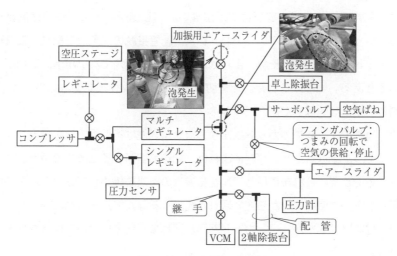

図 4.20　空圧配管の全体図

しかなかった。その後，空圧ステージ，2軸除振台などの実験装置が新規に導入され，そのつど，既存の配管系に新たな配管を追加してきた。したがって，美しくない引き回しとなっている。情けないことに，私も全容を把握していなかった。学生が即座に描いた図4.20を眺め，屋上屋を重ねた配管の引き回しにため息が出た。

さて，図4.20を参照しながら作業を進めると，泡が発生する箇所が次々と発見された。なぜ，急に空気漏れが発生したのかという疑問は残る。しかし，まず漏れをなくすことが先決だ。そのため，泡が出たすべての箇所について，配管交換を行わせた。この作業が終わった最後に，空圧式除振装置を立ち上げたときの圧力センサの出力波形を観察すればよい。もちろん，空気漏れをなくせば，圧力センサにノイズがのることはないはずだ。ところが，翌日，再び学生から，落胆の報告を受けるはめになった。

【専用カッターの利用】

学生：配管交換によって，昨日は空気漏れの泡がありませんでした。もう一度確認するために，今日ガス漏れ検知スプレーを配管と継手の箇所に吹き付けたら，また泡が出てきました。

先生：配管交換をして，昨日は泡が出ない。同じ箇所なのに，今日は泡が出る。いったいどうなっているのだ。いま，配管接続の注意点を記載する資料をネットで見ていた。それによれば，配管断面が直角でない場合，漏れが生じるとある。当然のことだ。配管切断のときはカッターを使ったのでしょ。斜め切断はないはずだが，どうなの？

学生：当然です。斜めのカットなんかしません。僕は不器用ではありません。

先生：そうだよな。だが，資料によれば，配管を切断するための専用カッターがあるそうだ。これを使用して，空気漏れの有無を確認してみようか？　専用カッターを使わないから空気漏れが発生するなんて，そんなにセンシティブではないはずだが……。カット断面が漏れの原因ではないとはっきりすればよしとしよう。

学生：わかりました。

専用カッターの発注を行い，現品を手にするまでまた数日を要した。納入されてきた専用カッターを学生に渡し，これで切断した配管を使ったときの空気漏れの有無を確認させた。

学生：専用カッターを使った配管でも空気漏れを起こします。

先生：結果的に余計な作業になったが，予想どおりだ。もし専用カッターを使ったときだけ空気漏れがないと報告されたら，いろいろな作業が面倒になる。さてと……，これからどうする？

学生：配管が犯人ではないとすると，配管をつなぐ継手が犯人ということになりますか？

先生：継手を「機械的にいじめる」扱いはしていないはずだが……。いや待てよ，数年前の学生が壊している。継手の調査は厄介なことになるかもしれないな。

このように昔のことを思い出してしまった。

【継手があやしい】

ここで，「いじめる」の意味を説明しよう。配管と継手の着脱方法は図 **4.21** のとおりである。図（a）に示すように，配管を継手に軽くそのまま差し込めば結合状態になる。しかし，一度差し込まれた配管は，挿入のときとは異なり，軽くは引き抜けない。軽く引き抜けたら困るのである。配管を外すときには，図（b）に示すように**プッシュリング**を継手の本体側に押しながら配管を引き抜く。これが正しい外し方である。

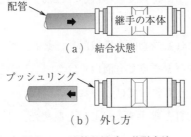

図 **4.21** 配管と継手の着脱方法

ところが，不器用あるいは性急な者の引き抜き作業は異なる。図 4.22 (b)に示すように，プッシュリングの円周全体を押したとき，継手の全内周の**チャック**が解除されて軽く配管を引き抜ける。性急な者は，図(c)のようにプッシュリングの 1 か所だけを押す。しかし，これでは全周のチャックが解除されていない。それにもかかわらず，無理やり引き抜くので継手をオダブツにする。

（a） 継手の断面　　（b） 全周のチャック後退　　（c） 部分的にチャック後退

図 4.22　継手の断面

学生：継手を調べるのですかァ。継手のプラスチック本体が割れていない限り，ここからの空気漏れはありません。いままでのガス漏れ検知スプレーを使った私の調査の感覚では，配管とのつなぎ目からしか漏れないと思います。

先生：配管のつなぎ変えを頻繁にしたところと，つなぎ変えをしないところがあるな～。うーむ，もうわからん。とりあえず，私のところに交換前後の配管を持ってきて。それから，空気漏れがない箇所の配管も，それと漏れる箇所の継手も私のところに持ってきなさい。これらをじっくりと眺めたい。

【空気漏れの原因】

配管と継手は，いずれも受動的な機械部品である。動く機械は見ていて飽きないが，受動的な配管などを見ても面白くはない。しかし，空気漏れをなくさねばならないので，そうも言ってはいられない。

学生が持ち込んだ配管と継手をしげしげと眺めた。まず，図 4.23 (a)は配管の側面である。継手につなげたときの切れ目（溝）が明瞭に残る。なぜ，切れ目がつくかといえば，図(b)に示す継手の内部に，配管を確実にクランプ

(a) 配管に残るチャックの傷あと　　(b) 継手の断面

図 4.23　学生が持ち込んだ配管と継手

する歯（SUS 材のチャック）があるからだ。この歯が配管に突き刺さる。ちょうど，ゴルフシューズのスパイクが芝に突き刺さって，グリップ力になることと同様である。

次に，空気漏れなしの配管と漏れを起こす配管の断面を何気なく見た。ぎょっと目を見張った。断面が違う。明らかに肉厚が違う。**図 4.24** 左側の漏れがない配管の場合，内径が小さい。つまり，肉厚である。一方，空気漏れを起こす場合，肉厚が薄い。だから，薄い肉厚の配管を継手に挿入したとき，継手のチャックが配管の厚み以上に食い込み，ここから空気が漏れたのだ。

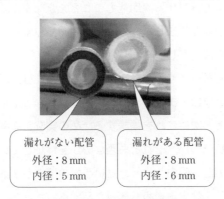

漏れがない配管
外径：8 mm
内径：5 mm

漏れがある配管
外径：8 mm
内径：6 mm

図 4.24　空気漏れの有無と配管の断面の違い

わかってしまえば，原因なんてこんな程度のものである。薄い肉厚の配管に，刃渡りの長いチャックが差し込まれたのである。突き破れた配管の隙間から空気は漏れて当然である。小学生でもわかる理屈だ。

原因がわかったので，肉厚の配管を研究室内で探すよう指示した。ところ

が，使い切っていた．そこで，購入手配を行った．現品納入後，肉厚が薄い配管すべてを，納入されてきた配管に交換する作業を行った．これで，配管のつなぎ目からの空気漏れを完全になくせた．

原因がわかってしまえば，それはいつも単純である．しかし，こんな単純な原因を特定するまでの道のりは随分と長かった．たぶん，同種の失敗経験を持つ技能者ならば，即座にわかったことであろう．空圧機器をながらく研究テーマとして扱ってきたものの，同機器を含めた空圧パーツの構造，原理，そして取扱いに深い関心は向けてこなかった．所与の空圧機器や機構部品を使って，これらを思いどおりに動かすという制御の立場でしか研究をしてこなかった．この報いを受けたのである．

われわれの場合，空気漏れの問題発覚から，これを完全になくすまでに約1か月を要した．この間，学生は，空気漏れ対策のために毎日ひたむきに行動してくれた．ひたむきとは，言語明瞭な報告，私の指示内容のあやまたない理解，午前中の早い時間からの行動，電気と機械の取扱いの巧みさ，そして現象を観察しての他人にも納得する説明能力のことを意味する．

学生：先生，時間が掛かりましたが本当に面白くやりました．空気漏れの犯人を追いつめていく過程がじつに楽しかったです．

先生：おお，よくぞ言ってくれた．かたい言葉で言えば，君は**「仮説検証」**という問題解決のアプローチをとっていた．問題となった現象に対して，あり得る仮説を立てて，次にこれを検証するための実験系を考え，この結果に基づいて仮説が正しいのか，それとも否なのかを検証していた．この行動が自然にとれていたのだ．面白くやったという君の感性がすばらしい．

このように，珍しく学生を褒めちぎった私であった．

【言い訳と一つの諦観】

研究室には，外径寸法を異にする配管が数種類ある．同様に，数種類の継手も備える．配管の接続作業のときには，目視で配管外径のあたりをつけ，継手に結合することを試みる．このとき，当然のことながら，配管外径と継手内径が一致しなければ，両者は絶対に結合できない．理由は，単純に寸法が違うと

いうことだけだ。だから，寸法が合う配管を探し出し，継手と結合すればよいのである。

結合できれば，作業は完了となる。確認はもちろん行う。空気が通るか否かだけである。所望の動作が確認できれば，もう，配管の肉厚に違いがあることを考えることもない。

今回の調査を通して，昔のことを思い出した。精密ステージのアクチュエータに，**液冷**が施されていたことをである。技能者が，液冷のための配管の引き回し作業を行う。もちろん，作業終了後には試験運転が行われており，液漏れなしが確認される。彼らがすでに作業し終わったほかの装置は，順調に連続運転されている。

しかし，一台に限って，作業終了時には問題がないにもかかわらず，時間が経過してから液漏れを起こした。床にまき散った液は雑巾で拭き取ればよい。しかし，水浸しになった高価な精密機器はそうはいかない。たぶん，廃棄されたのであろう。

言いたいことは，「配管のつなぎ目からは必ず漏れてしまうものだ」という諦観である。

4.8　ICの抜き差し作業

【概　要】

ムカデの足を持つ形状のICがある。**図4.25**は，このような**DIP型**（dual inline package）の**オペアンプ**（例えば，NJM4560）である。これを壊すことは滅多にない。いや，壊そうとしても容易には壊れない。若いとき，数々の失敗を経験したが，オペアンプを機能不全に至らしめることだけはなかった。しかし，学生がつくる電子基板なのだ。不注意による機能破壊はあると考えていたほうがよい。そこで，ICソケット

図4.25　DIP型オペアンプにおけるモールドの飛び散り

をまず基板に半田付けで固定し，次にこのソケットにオペアンプを挿入させる。

ただし，製品の場合には，基板完成後にオペアンプを含むICを抜き差しする作業はほとんどない。だから，ICソケットの購入コスト，およびこれにICを挿入する実装コストをかけてまで，ICソケットを使う必要性はない。よって，ほとんどのICは基板にじか付けとなる。しかし，機能を確認する試験用電子基板の場合，ソケットを付けておくと何かと便利だ。ICソケットを付けてよかったと思う場面にはしばしば遭遇する。

学生：オペアンプを壊しました。

先生：オペアンプなんか安い。新品と交換しなさい。いや，待て。壊れたことをどのように確認したの？ 外観から壊れたことはわからん。安易に壊れたと言っているのではないのかね。まさか電源なしの試験ということはないのでしょうね。当然，電源投入のうえで試験信号を入れ，機能がないことを確認したのですね。

学生：いえ違います。本当に壊したのです。

先生：本当に壊すとはなに？ 現場に行って見たほうが早い。

実験室に行って，学生の製作した電子基板上の無惨なオペアンプを見た。このときは仰天した。かつて経験したこともない惨状である。それは，図4.25のようにDIP型オペアンプの上部モールド部が飛び散り，内部のチップを露出させるというものである。

先生：いったい，どのようなことをすればモールドが飛び散るの？ まったく理解不能だ。

学生：すみません。ショートさせたのです。

先生：怪我をしなくて良かった。しかし，いくらショートと言っても，どのようにすればモールドが剥ぎ取られるのかまったくわからない。

ショートがモールドを剥ぎ取るメカニズムなんぞに興味はない。こだわってはいられない。次には，回路基板の修復をしなければならない。具体的に，壊したオペアンプをICソケットから抜き取ることである。この作業のとき，指の腹にオペアンプのリードを突き刺すことがある。気早な私が若いときにしば

しば経験した。だから，学生に注意を与えた。

先生：オペアンプを抜くとき注意しなさい。指先だけで抜くと，リード線を指の腹に突き刺す（図4.26）。

学生：どうすればよいのですか？

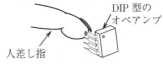

図4.26 DIP型オペアンプにおけるリード線の突き刺し

先生：専用工具がある（例えば，ICエクストラクタ）。しかし，工具は高価だ。ケチだから備品として購入していない。いや違う。工具を使わずともオペアンプは抜き取れる。だからあえて購入しないのだ。マイナスドライバあるいはピンセットを使って，ICソケットからオペアンプを少しずつ左右のバランスをとって浮きあがらせていけ（図4.27）。

学生：わかりました。

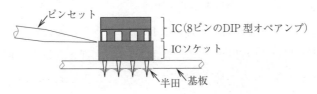

図4.27 ピンセットを使ったIC抜き取り

続いて，ICソケットに新しいオペアンプを挿入する作業となる。オペアンプの側面は図4.28（a）のようになっている。リード線は八の字に広がる。この状態では，ICソケットのコンタクト部に挿入できない。だから，図（a）を参照して，オペアンプのリード線を破線の位置にする必要がある。初心者の

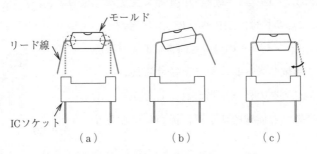

図4.28 DIP型オペアンプのICソケット挿入

場合，親指と人差し指の間にオペアンプを挟み，両側4本ずつのリード線を同時に破線の位置になるように試みる．ほとんどの場合，DIP型オペアンプをICソケットへはなかなか挿入できない．親指と人差し指の挟み込み力が疲れのため弱まると，リード線のばね性のためもとの八の字に戻る．もちろん，ICソケットへの挿入失敗となり，イライラが募ってくる．もちろん，挿入のための専用工具はある．しかし，大量のICを挿入する作業でもない限り，親指と人差し指を使って，容易にICをソケットに挿入できる．

まず，図(b)のように，どちらか片側のリード線4本をICソケットのコンタクト部に軽く入れ込む．次に，図(c)のように，矢印の方向に力を入れて，ICソケットのコンタクト部の位置までリード線を曲げる．そうすると，ICのリード線をソケットのコンタクト部に引っかけられる．その後，ICの上面に力を入れるとソケットへの挿入が完了する．

このように，慎重な作業さえ行えばICをソケットに挿入できる．しかし，きわめて不器用な者の場合，あるいはICのリード部分もしくはICソケットに損傷がある場合には，容易には挿入できない．このとき，接続をとることだけに注意が向いてしまう．

例えば，ICのリード部分が変形している場合，この形をピンセットなどで矯正してからソケットの挿入を行おうとする．このとき，ICもまた「機械」という意識が欠如していると，接続そのものにも悪影響を与える．本章のタイトル「機械はやさしく」は，ICの取扱いに対しても同様なのである．

より具体的に，図(a)の破線の円形部に過大な機械的ストレスを与えると機能を損う．この事情は，DIP型のICだけではなく，**図4.29**のトランジスタの場合も同様である．破線の楕円部に機械的ストレスを与え続ける扱いのとき，トランジスタの機能は損われる．だから，ICもトランジスタも機械的に丁寧に扱わねばならない．

図4.29 トランジスタのリード線の根本にも注意

5. 電気接続のこと

　複雑なアナログ回路や大規模ディジタル回路を設計できるレベルに到達するには，それは長い開発経験を積み上げねばならない。しかし，経験豊かな開発技術者ほど「最終的には電気接続のところが一番大事なのだ。」と，きわめて単純なことを言う。本章では，難しい理論を必要とする電気設計を論じたりはしない。簡単とも思える電気接続が，いかにトラブルに結びつくのかを実例を使って説明する。

5.1　半田付けのいろいろ

　電気系学生にとって，接続をとる**半田付け**は大事なスキルである。そのため，筆者の所属する電気電子工学科では，半田付け作業が学生実験の1テーマとなっている。

　しかし，必修科目である学生実験の1テーマに過ぎない半田付け作業だけでは，経験があまりにも少ない。そこで，研究テーマの遂行にあたって，半田付け作業が必要な学生に対しては，まず，**図5.1**のようなイラストを裏紙に描いて説明する。図(a)が良好な半田付けである。半田が流れるように（「**濡れ**

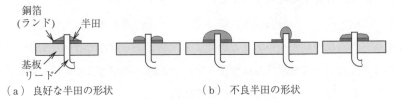

図5.1　良好な半田と不良半田の形状

性」を確保するように）接続しなさい．対比として，不良となる半田付けの形状を説明する．

次に，濡れ性を満たす半田付けのために，図 5.2 を使って，まず，「半田ごての先端は綺麗にしなければならない．」と説明する．「こて先で半田を溶かし，これを左官屋さんのように壁に運んで塗り込むような作業をしてはならない．」とも説明する．この説明に学生は納得する．しかし，頭の中で理解できても，実際に作業ができるとは限らない．頭の理解と実際の行動との乖離を実例で紹介しよう．

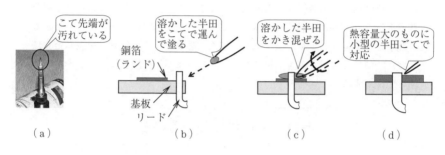

図 5.2　やってはいけない半田付け作業

5.1.1　半田ボールや配線の折れ

電子基板の製作後に，設計機能の実現の有無をチェックする．いわゆる，**デバック**である．このとき，配線ミスがないにもかかわらず，動作しないことが多々ある．

もう一度，信号の流れに沿って機能を確認しなさい．このように指示を出す．しかし，外見上の配線ミスはない，という学生の報告である．そして，次の私の指示を黙って待ち続ける．ここで，よ〜く，考えてほしいのである．動作するべき回路が動かない．どこかにミスがあるから動作しない．配線ミスはありませんと言っても，問題は解決しない．配線ミスがどこかに絶対あるのだと，想像力を働かせて探し出す必要がある．

図 5.3 は，学生の想像力不足のために，容易に直せなかった接続不良の例

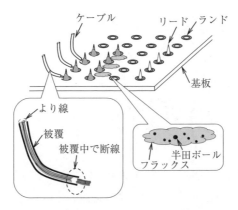

図 5.3 見逃される半田ボールや配線の折れ

を示す．同図は，基板のランドにケーブルを半田付けした様子である．このとき，ランド間の基板の状態にほとんど注意が向かない．ここには，半田からでたフラックスが付着する．一見しただけではわからないが，フラックスの中には半田ボールが入っている．これが悪さをして，本来は接続されてはならない箇所が導通する問題を引き起こす．だから，フラックスを丁寧に削り落とすほうが安全である．

さらに，発見しにくい接続不良がある．半田付けのスキルが未熟な場合，被覆をむいたより線に何度も予備半田をすることがある．そうすると，半田は被覆の中のより線にまで浸入して線が硬くなる．すると，ケーブル引き回し作業のとき，硬いより線を折ってしまう．外見は被覆に覆われているので，この中で配線が切れているとは露ほどにも思わない．なかなかこのミスを発見するには時間が掛かる．ケーブルに対する予備半田の状態から，すなわち被覆をとった箇所に対する半田の浸み込み状態から想像するしかない．

「そんな～，被覆の中でケーブルが断線するのでしょうか？」と疑問に思われるかもしれない．「図5.3の手作業の半田付けという特別な理由で断線を引き起こしたのでは？」と思われるかもしれない．いや，違うのである．

図 5.4 は，波形観測のために BNC ケーブルの先に IC クリップを接続している様子である．同図上側の破線で囲む箇所で断線している．被覆を剥がして

5. 電気接続のこと

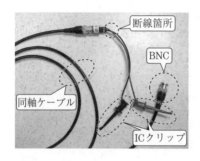

図 5.4 ケーブルの断線

いないのになぜわかるのか，という疑問があろう。そのとおりであるが，まず，テスタを使って導通がとれないことを確認している。しかし，**同軸ケーブル**単体では導通がとれる。だから，断線はICクリップにあることになる。そして，円形の破線部を触診すると，内部で折れていること指先からわかる。

5.1.2 ハウジングの接続

電子基板の初期の動作確認のために，**図 5.5**のように配線同士を半田付けで接続することがある。これは当座の処置であり，恒久的に電子基板を使っていくためには，半田で接続した箇所を**コネクタ**に代える。

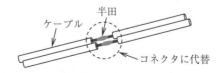

図 5.5 配線同士の半田接続

初心者の学生にコネクタを製作させると，美的感覚の欠如したものができあがる。**図 5.6**である。

「配線はねじりなさい。」と言い渡している。だから，そのとおりだ。しかし，図 5.6のケーブル1本は真っ直ぐに伸びており，一方，緩みがある2本目のケーブルは真っ直ぐなそれに絡まっている。これを使っても確かに導通はとれる。しかし，きたない配線である。美しくないことが及ぼす影響まで考えが及んでいない。コネクタのオスとメスをドッキングさせ，そのままの状態で永

図 5.6 学生がつくるコネクタの接続

久に使う場合には問題とはならないだろう．しかし，試験装置を運用する場合，頻繁にコネクタの脱着を繰り返す．このとき，注意するが，コネクタを外すとき図 5.6 の真っ直ぐに伸びた 1 本だけにテンションが掛かる．そうすると，いつしか接続不良に至る．美しいケーブルは美しいがゆえに接続不良は起こさない．逆に，美しくない配線は，接続不良を招くのである．

5.1.3 BNC ケーブルの半田付け

図 5.7 は BNC ケーブルである．略して BNC，あるいは**ストレートケーブル**とも呼ぶ．半田付け作業のスキルが君たちの将来に必ず役に立つ，という理由をつけて同軸ケーブルと BNC を接続する工作を学生に課す．製作直後の使用では何も問題が生じない．しかし，BNC ケーブルの脱着を何回か繰り返した後，必ずと言ってよいほどに故障に至る．

図 5.7 BNC ケーブル

いままでの経験では 2 種類の故障があった．まず，図 5.8 は，1 本の BNC ケーブルの金属部分をつかんだ瞬間である．このときの衝撃で，BNC オス・

5. 電気接続のこと

図 5.8 製作した BNC ケーブル

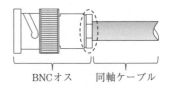

図 5.9 引抜けの原因箇所

メスの金属部分は一体で結合のまま，なんと同軸ケーブル5本全部が一斉に引き抜けてしまった．もちろん，原因は BNC と同軸ケーブルの接続作業に慎重さが足りなかったのである．具体的には，図 5.9 の破線楕円部のねじ締めが甘かったのである．

次の故障は，ケーブル芯線の断線である．この故障はなかなか見つけにくい．なぜならば，BNC ケーブルをつないでいるにも関わらず，信号がでないあるいは信号を送れない，という現象だからである．経験に乏しい場合，BNC ケーブルではなく，これで接続している装置側に原因があると思い込む．

学生：BNC を強く装置のほうに押し付けながら，計測を行いました．そうすると，実験ができました．装置側に何か問題が起きかけているようです．

先生：たぶん装置ではない．BNC ケーブルを壊したのだな．

学生：私は悪いことをしていません．今日の実験に使った BNC ケーブルが悪いのです．

先生：君の説明から，たぶん同軸の芯線が断線しかけているのでしょう．直しなさい．

そうなのだ．たまたま断線寸前の BNC ケーブルを実験に使っただけであり，この学生だけの罪ではない．

同軸ケーブルと BNC の根元の部分にストレスをかけ続けると断線に至る．図 5.10 を参照して，同軸ケーブルの内部導体には，BNC の部品の一つであるコンタクトが半田付けされている．この部分に繰返しの力が掛かれば断線に至ることは当然である．だから，BNC オスとメスの脱着のとき，金属部分だ

5.1 半田付けのいろいろ　　107

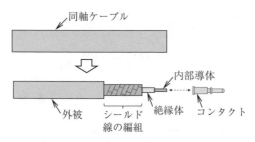

図 5.10　BNC コネクタの結線

けを指先でつまんで作業しなさいと言い渡している．しかし，言いつけを守りたいが，たまたま BNC の脱着のときに金属同士の引っ掛かりがあり，スムーズに脱着できないことがある．思わず同軸ケーブルに力を加える．このような取扱いを，君も，僕も，そしてあの人もやっていたのである．

5.1.4　バナナの半田付け

バナナはフィリピン産が美味い．しかし，ここでバナナと略称のものは**図 5.11** の形状を持つ電気接続部品である．正式な名称は，**バナナプラグ**である．企業の開発現場で使うことはほぼない．しかし，電気系の研究室では，例えば，直流電源から自作回路に電源を供給するためにしばしば使用する．

図 5.11　バナナプラグ

なぜならば，実験終了後には，直流電源からバナナを容易に引き抜ける．だから，この直流電源を別の場所でも活用できる．あるいは，自作回路のデバックを行う場合，これを直流電源に接続したままだと作業は面倒になるが，両者の接続を容易に分断できるバナナは都合がよい．

このバナナのメタル部に，ケーブルのより線を接続する半田付けでは，学生のだれもが失敗する．**図 5.12** が作業の順番である．まず，同図上段を参照し

108　5. 電気接続のこと

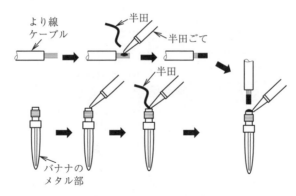

図 5.12　バナナへの半田付け

て，より線ケーブルの被覆をニッパでむく。そして，より線に予備半田を行う。次に，下段に移って，メタル部を垂直に固定する。この熱容量は大きいので，まず半田ごての先をメタル部に当てて加熱をする。半田が溶ける頃合いをみはからって，半田をメタルの穴の中に流し込む。最後に，半田ごてをメタル部に当てて半田が固まらないようにしながら，予備半田済みのケーブルをメタル部の穴の中に挿入する。挿入し終えたら，こて先を離して半田が固まるのを待つ。

　決して難しい作業ではない。しかし，メタル部に半田が流れ込む現象を見ているにもかかわらず，冷却を待たずにこれに触って指先に火傷をつくる学生が多い。この程度は，重い火傷を負わないためにも一回ぐらいは経験する必要があるかもしれない。問題は，はじめてバナナに半田付けする学生が必ずおかす間違いである。

　それは，図 5.12 下段に示すように，メタル部を直立させることである。メタル部を親指と人差し指でつまんでの半田付けを試みた学生は，火傷の危険を感じ取る。当然，感じ取れない場合は火傷する。そこで，メタル部の穴に半田を流し込むためには，これを直立に固定しなければならないと気づく。実験室を見回した学生は，万力を見つけ出す。これを使えばよい。つまり，**図 5.13** のように，万力にメタル部を固定したうえで，半田ごてをこれに当てて半田を

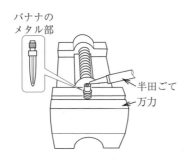

図 5.13 半田がなぜ溶けない？

流し込む作業をする。しかし，うまくはいかない。「半田ごてでメタル部を加熱している。この熱は万力のほうにも伝わるので半田の融点まで到達しない。だから，半田がよく流れない。」このような注意によって，学生は即座に納得する。物理の授業で勉強した**熱容量**という技術用語は記憶にあるはずであり，かつ初等的な熱力学の知識も身に付けている。しかし，半田が流れないという物理現象を見せつけられているにもかかわらず，学習した知識に基づいて理由を見つけ出せない。

じつは，万力を使ってメタル部を直立させてもよい。このとき，薄手の木材を緩衝材として挟み込むことで，メタル部には容易に半田を流し込める。あるいは，木材にあけた穴にメタル部を差し込んで直立させて，半田を溶かし込むことができる。

5.2　テンションによる断線事件

【概　要】

修士学生の一人が，図 5.14（a）の実測結果に基づき進捗報告をした。一通りの説明終了後に，次のように付け加えた。

学生：じつは，今回の測定の場合，実測結果がきたないのです。

先生：そうなのか？　実測結果（図（a））の特徴的な形状におかしいところはない。ゲイン曲線を低周波数域から見ていくと，ゲインが落ち込み，次にゲインのピークがある。理論計算どおりの曲線なので，正しい結果と言え

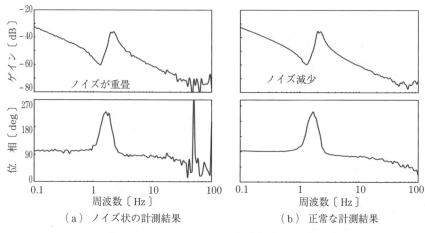

図 5.14 計測結果の比較

る。

学生：そのとおりですが，高周波域の曲線の形状が，以前と微妙に異なるのです。

先生：よ〜く，気づいたな。立派な観察力だ。さて，測定条件は同一としたのか？

学生：まったく同じです。このごろ，日によって，計測結果が綺麗な場合（図（b））と，ノイズ状になる場合があるのです。

先生：うーん。実験装置のところに行こう。

【ノイズ重畳の原因】

図 5.15 に，空気ばねの内圧を計測する圧力センサに，電源を供給しかつ計測値を取り出すケーブルの中継箇所を示す。左側四角の破線で囲む箇所は，+24 V 電源の供給ラインである。この部分の拡大写真を図 5.15 右側に示す。数本の芯線だけでコンタクトがとれているという断線寸前の状態であった。

【研究に夢中になると……】

修理は簡単である。再度，確実なコンタクトがとれるようにすればよい。しかし，このような断線を招いた真の原因は，コンタクト部分に繰返しのテンションをかけていたケーブルの引き回しにあった。

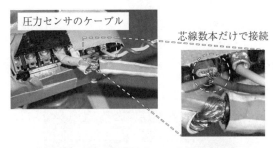

図 5.15 ケーブルの中継箇所（もう少しで完全な断線）

　実験装置をはじめて立ち上げるとき，意図する機能の発現を早急に確認したい。そのため，丁寧な作業が後回しになる。コンタクト部にテンションをかけないように，ケーブルの適切な部分にクランプをつけるべきであることはわかっていた。しかし，図 5.15 の接続作業の後に，圧力センサから電気出力があることを確認し，次にこの出力を使って制御をかける。そして，やっと研究テーマにかなう実験装置のセットアップが完了する。すると，今度は研究のアイディアを，実験装置を使って本格的に試行する場面になる。この段階になると，コンタクト部分のテンションによる事故の可能性という意識は低下して，研究を進捗させるほうに関心が移る。だから，「テンションをかけないように注意してね。」という口頭指示だけで済ませる。学生も「わかりました。」と応じるので，大丈夫だと納得する。しかし，納得した学生も，実験に夢中になると，不用意にケーブルにかけるテンションにいちいち注意を向けなくなるのである。

5.3　エナメル線は皮膜をむく

　電気機器のコイルには**エナメル線**が使用される。この線には**絶縁皮膜**が施されている。そのため，電気接続をとるときには皮膜を除去しなければならない。電気の世界では，言うまでもないことである。しかし，初心者には，この常識が通用しない。

112   5. 電気接続のこと

【概　要】

図 **5.16** はモータを使ったバルブの開閉装置である。破線の円で囲む部分が，エナメル線を使ったコイルである。ここの半田付け作業を学生に指示したときの会話である。

図5.16　モータを使ったバルブの開閉装置におけるエナメル線の接続

学生：エナメル線を半田付けしたのですがよくつかないし，やっと接続できたのですが，今度は電気が通りません。

先生：天ぷら半田（図5.1（b）右から2番目）になっているのかな？

学生：綺麗に半田を取り除いて，もう一度，半田付けしてみてちょうだい。

　このような指示を与えたが，作業現場を見れば通電しない理由は即座にわかるであろうと思い，実験室に行ってみる。**半田吸引器**を使って，接続部分の半田を除去し終わったところである。エナメル線に顔を近づけると色ツヤがおかしい。皮膜を除去したようには思えない。

先生：皮膜はとったのか？

学生：エナメル線の引き回し長さを決めてから，そのまま半田付けを行いました。

先生：あのね。エナメル線はね，絶縁のために銅線の周囲がエナメルワニスで覆われているのだよ。

学生：絶縁ですか？

絶縁の意味というよりも，銅線の周囲がなぜ絶縁されているかが理解できないようだ。そこで，ボビンに巻かれたエナメル線を引き出して説明した。

先生：エナメル線を円柱の棒に巻く場合を考えてみたまえ。線と線を密着させて密に巻いていかねばならない。電磁石の場合，巻数が多いほど強力な吸引力が出る。密着させた線同士がショートしたらどうなるの？

学生：そうですね。絶縁しておかねばなりませんね。では，皮膜はどのように除去するのですか？

先生：サンドペーパーで皮膜を削り取る方法が一般的だ。別にアルコールランプなどで焼き取ることもできる。私が若いときには，煙草のライターを使った。企業在職の開発者だったとき，おおらかにも居室内で喫煙が許されていた。だから，ライターを使ってエナメルを焼きとっていた。君はこの実験室では絶対にやってはならないよ。

学生：わかりました。

　早速，工具棚からサンドペーパーを取り出し，皮膜を削りはじめた。そして，皮膜の色から銅色に変化したことを経験して，学生ははじめて納得したようである。

先生：皮膜を取ったら，そこに予備半田をしなさい。

学生：皮膜を取らなかったときより，半田ののりがいいですね。

先生：当たり前だ。

　半田付け作業を終えた学生は，ボビンに巻かれたエナメル線表面とこの断面を交互に見比べた。円形断面の周囲と中央部の銅色は明らかに異なる。銅線に皮膜がついていることが改めて確認できたようだ。

【高校の教科書はどうかな？】

　エナメル線の皮膜を除去しないために導通がとれないことを一回だけ経験すれば，二度と同じ過ちをおかすことはない。そのような類の軽微な失敗である。

　しかし，エナメル線の外皮と断面の銅色を見比べれば，明らかに色合いは異なる。そして，コイルを密に巻線したとき，絶縁されていなければショートする。ショートさせないためには絶縁物が塗布されていなければならない。どう

して，こんなことが事前に了解できないのであろうか。高校の物理の教科書には，エナメル線の扱いをどのように記載しているのだろう。

そこで，高等学校物理Ⅱ（啓林館）[1]から，エナメル線を使った解説の図面を抜き出してみる。まず，「ソレノイドがつくる磁界」という項がある。**図5.17**を参照させながら，**右ねじの法則**に基づいて生成される磁界分布を示している。そして，ソレノイドの中の磁界 H〔A/m〕は，ソレノイドに流す電流 I〔A〕と巻き数 n〔回/m〕を使って，$H=nI$ であることを説明している。ここでは，巻線が接触していない描き方をしている。だから，エナメル線の外周に絶縁物がなくとも問題はない。

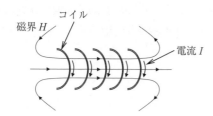

図5.17 ソレノイドがつくる磁界〔文献1），p.121 より〕

ところが，エナメル線を密に巻線した図面もある。**電磁誘導**の現象を説明する図**5.18**である。棒磁石をコイルに近づけるあるいは遠ざけると，電磁誘導によってコイルに電流が流れることを説明する。丁寧に，コイルには銅色をつけている。だから，絶縁されていない銅線そのものが密に巻かれているのだ。このように思われても仕方がない。

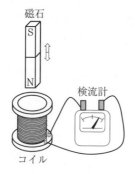

図5.18 電磁誘導の説明〔文献1），p.135 より〕

【誤認が続いて……】

この誤認を解くために，コイル周囲は絶縁されているというただし書きは一切ない。もちろん，電磁誘導という大原理を説明しているのであり，この観点に照らせば銅線表面の絶縁に関する記載は枝葉末節となる。このことはわかるが，銅の色付けを施した巻線を無批判に眺めただけの生徒は，はだかの銅線を巻線していると誤認するであろう。高校生のときに誤認したままの者が大学に入学しているのだ。

5.4 電気を通すには2本の配線が必要

ある日，所属研究室以外の学生が相談のために来室した。光強度を電圧に変換する回路を製作したい，とのことである。図5.19(a)に示す回路図を裏紙に描いて，これを彼に渡した。それから数日経って，再び学生が来室した。基板上に実装した回路を私に見せながら，これが動作しないという報告のためである。

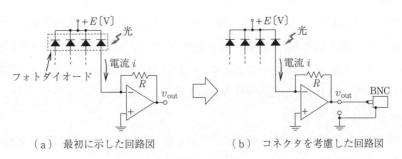

(a) 最初に示した回路図　　(b) コネクタを考慮した回路図

図5.19　IV変換器

【概　要】

図5.19(a)を参照して，**逆バイアス**をかけた光検出器の**フォトダイオード**に光が照射されると，図に示す方向に光電流 i が流れる。そのため，出力電圧 $v_{out} = -Ri$ の変換によって，すなわち **IV変換**（電流-電圧変換）によって，光強度を電圧として検出できる。

5. 電気接続のこと

回路が動作しないわけがない。素子が実装されている基板の部品面と裏側の半田面をしげしげと眺めると，即座に原因が判明した。v_outを取り出すため基板上にBNCを固定しているが，この部分のグランド（GND）を基板のそれと接続していない，つまり配線が1本足りないのである。

具体的に，図5.20を参照して，BNC外装部とコンタクトをとった破線で示すケーブルを用意し，他端を基板上のGNDと結ぶ必要がある。学生にこのことを指摘すると，不満そうな顔つきをした。それは，図5.19(a)に，GND線とコンタクトをとることが明示されていないことに対してである。

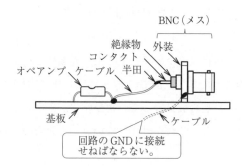

図 5.20　IV変換器の実装

製品の製造以外の試作の場合，多くの回路図は図5.19(a)の描きかたで十分である。用が足りる。学生は，コネクタとしてBNCを選んだが，それ以外のコネクタを使ってももちろん構わない。回路製作者の都合でコネクタは選択されるので，出力v_outの先の接続方法のことまで，私は関与できない。理屈ではそのとおりである。

図5.20のように，配線1本で電気が通るなどという大それた間違いを避けるには，使用するコネクタがBNCであることを聞き出し，そして図5.19(b)のように描くべきであった。

しかし，v_outを観測するとき，電位の基準であるGNDに対するv_outの計測になることは電気の世界では常識である。しかしながら，1本の配線で電気を通そうと試みるのは学生だけではない。じつは，企業在職の初級技術者も同様である。

5.4 電気を通すには2本の配線が必要

【同類のミス】

図 5.21 は，プローブを使った計測の様子である。オシロスコープを使った波形観測を，研究室に配属の新人学生に指示した。このときのプローブの扱い方である。

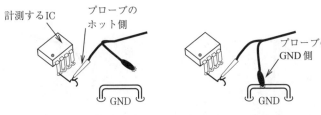

（a）ホット側を先に接続　　（b）（a）の後に GND を接続

図 5.21　プローブを使った計測の様子（電位の基準 GND から計測ポイントの電位を観測する行動ではない）

新人さんは，プローブのホット側を，試作電子回路基板上の計測したい箇所に接続した。4チャンネルオシロスコープであり，2本目のプローブも別の測定箇所に図(a)のように接続した。黙って見ていた理由は，基板にはまだ電源が入っておらず，したがって深刻な事態になりようがないからだ。これから，どうするのか興味津々だ。この私の強い視線に何かを感じ取ったのだ。「ああ，グランド（GND）をつないでいなかった。」と言い訳を言って，図(b)のように，プローブの GND 側を電子回路基板の GND に接続した。これで，電子回路に電源を投入すれば計測は行える。

しかし，この場での計測は行えても，後々問題を引き起こす行為だ。それは，「**電位の基準としての GND から計測ポイントの電位を観測する**」という電気の基本が，行動に表れていないからである。もし，電子基板に電源が投入されており，この基板が何らかの装置を動かす状態にあったとき，図5.21(a)，(b)の順番でプローブを当てられたら困った事態を引き起こす。

【2 本の線が必要】

電気を通すには1本ではなく2本の線が必要であり，電位の基準 GND から計測点の電位を観測する，ということをしっかり踏まえたプローブの当て方は

図 5.22 の(a),(b)の順番になる。まず,図(a)のように,プローブの GND 側を電子回路基板の GND に接続する。その次に,図(b)のようにプローブのホット側を計測箇所に接続する。逆に,プローブを電子回路基板から外す場合,まず,プローブのホット側を,次にプローブの GND 側を外さねばならない。

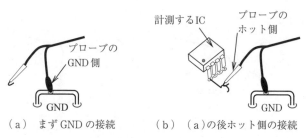

(a) まず GND の接続　　(b) (a)の後ホット側の接続

図 5.22 正しいプローブの扱い

5.5　アクティブ素子を動かすには電源が必要

オペアンプを使ってフィルタ回路をつくらせた。「信号は出ますが,計算どおりではありません。」という報告を学生から受けた。

【概　要】

製作を指示した回路図は**図 5.23**(a)である。入力電圧 v_{in} と出力電圧 v_{out} の関係は式 (5.1) であり,ノイズを軽減する**ローパスフィルタ**をつくらせたのである。

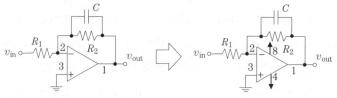

(a) 製作を指示した回路図　　(b) 電源の供給が省略されていることに注意

図 5.23 ローパスフィルタ

5.5 アクティブ素子を動かすには電源が必要

$$v_{\text{out}} = -\frac{R_2}{R_1} \cdot \frac{1}{1+R_2 Cs} \cdot v_{\text{in}} \tag{5.1}$$

簡単な回路である．計算のとおりに動作しないわけがない．しかし，学生が動作しませんと泣きついてきた．

先生：配線ミスの有無はチェックしたのか？

学生：はい，何回も行いました．

証として，チェック済みの配線に蛍光マーカを塗った回路図面を私に見せた．言われる前にやることはやった，と少し自慢のようだ．それならば，回路が動かないわけがない．そこで，基板の部品面と半田面を数回交互に見た．原因は即座にわかった．

先生：オペアンプの4番と8番端子が接続されていない．これらの端子は電源である（図(b)）．電源が供給されていないということだ．

学生：先生が示した回路図（図(a)）どおりに配線しました．電源の配線は描かれていません．

自分に間違いではなく，必死に先生の指示ミスであることを訴える．

先生：オペアンプには電源を供給しなければならない．すなわち，ご飯を食べさせなければ動かない．電気の世界では常識だ．だから，回路図の表記で電源への接続（4番と8番端子の接続）を省略することが多い．ただし，メーカーの設計部門から工場の技術部門に製造を依頼する正式な回路図では，電源との接続関係を省略することはない．オペアンプへの電源接続を明らかにした回路図面でなければならない．

学生：そうなのですか．わかりました．

【反省と愚痴】

初心者の学生の間違いである．この経験を1回すれば，再び間違えることはない．しかし，この初歩的ミスによって，学生とのやり取りに随分と時間を要した．丁寧に，電源の接続も含む回路図を描かせて，次にオペアンプの仕様書を参照させ，そして回路の製作をさせればよかった．後で反省した場合の理屈ではそのとおりである．しかし，図5.23の回路をつくることは，仕事全体の

中でおもな目的ではなかった。だから，裏紙に走り書きした回路図を渡したのだ。

しかしだ，ボヤキを許してもらいたい。2個入りオペアンプの端子数は合計8個である。半田付け作業を行ったとき，空き端子に気づかないわけがない。空き端子はどのように処理するのだろうか，と思わないのだろうか。インターネットを使って，例えば，2個入りオペアンプの型番 NJM4560 を入力すれば，即座に仕様書を参照できる。しかし，空き端子を放置したのだから，仕様書を参照していないのだ。そうすると，オペアンプの端子が未使用のままでも，機能の実現に何らの問題も生じない。このように思っていたことになる。疑問がないので，空き端子の機能を調べる必要はない，ということだ。オペアンプに電源を給電しなかった学生の行為を，このように考えるしかない。

じつは，指示どおりの仕事はするものの，疑問を持たない素直さは学生に限ったことではない。ラックに挿入の電子基板を引き抜き，この基板単体でデバックを行うことがある。アクティブ素子が当然に実装されている電子基板にもかかわらず，電源も投入せずに試験を行う者が，メーカー在職の技術者にもいた。

【講義に対する反省】

オペアンプに関する応用的な書籍を除外すると，初心者向けのそれに電源の供給に関する記載は皆無といってよい。

例えば，**図 5.24** は**理想オペアンプ**の基本的性質を説明する「学びやすいア

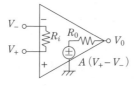

（1）入力インピーダンスが無限大 $(R_i \to \infty)$
（2）出力インピーダンスがゼロ $(R_0 \to 0)$
（3）電圧利得が無限大 $(A \to \infty)$

図 5.24 理想オペアンプの三つの性質[2)]

ナログ電子回路（二宮，小浜著）」[2] に記載の図面である．図中に記載の性質（1）～（3）を習得してから，すでに示した図5.23（a）を含めたさまざまな回路の計算を行わせるという記載がなされる．ここでは，オペアンプに対する電源供給に関する明快な説明はない．

　もう一冊のテキストを見てみよう．**図5.25**は「現代電子回路学〔I〕（雨宮著）」[3] から，オペアンプのシンボルに関する記載を抜き出したものである．この図面を参照させ，「図（テキストでは図10.13）では端子は信号用の3個しか示してないが，実際には電源端子，アース端子，外部から抵抗やコンデンサを接続する端子などがついている．」という記述がある．かろうじて，このテキストには電源供給に関する記載が少しだけある．

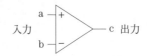

図5.25 オペアンプのシンボル[3]

　しかし，ほとんどの初級テキストの場合，電源供給に関する記載は省略されている．省略する理由は理解できる．いずれのテキストも，想定の読者は電子回路を初めて学ぶ学生である．そのため，オペアンプとは何者なのか，を理解させることが第一優先となる．だから，電源供給という実務的内容の記載は省略するのだ．この事情は十分に理解するが，オペアンプを含めたアクティブ素子を機能させるには電源を接続しなければならない，という前提条件をしっかり身に付けさせる必要がある．

5.6　電気信号の加算

　電子回路基板の動作を確認するため，電気信号を重畳させたい．つまり，試験のための信号を加算するのである．回路図を指さして「このオペアンプに信号を加算しなさい．」と言った．

5. 電気接続のこと

【概　要】

図 **5.26**（a）に，学生に扱わせていた回路図の一部を示す。ここで，IC-1 の箇所に発信器からの電気信号を加算することを指示した。ブロック図で示すと図（b）のようになる。加算端子の記号である太線の丸印を新たに設け，ここに試験のための電気信号を加算するのである。

学生：発信器の振幅を大きくしても，信号がうまく加算できません。

先生：加算できないはずがない。どのようにやったの？

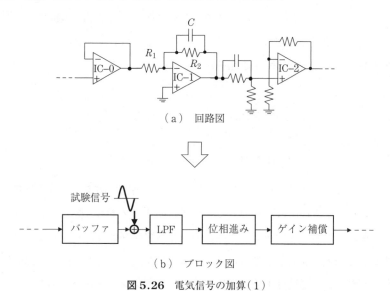

図 **5.26**　電気信号の加算（1）

学生の説明には驚いた。彼は，発信器の信号を同軸ケーブルでつないで，この他端をクリップを使ってバッファ IC-0 の出力側に接続していたのである。つまり，図 **5.27**（a）のような接続である。もちろん間違いである。

学生の立場に立って弁護すれば，図 5.23 の回路計算の演習を思い出し，この解答に素直に沿ったのであろう。入力電圧を v_{in}，出力電圧を v_{out} とおいた式（5.1）をここに再掲する。

$$v_{out} = -\frac{R_2}{R_1} \cdot \frac{1}{1+R_2Cs} \cdot v_{in} \qquad \text{(5.1 再掲)}$$

5.6 電気信号の加算　123

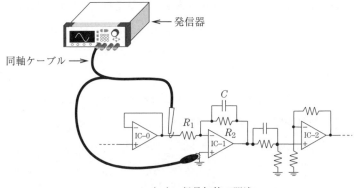

（a）信号加算の間違い

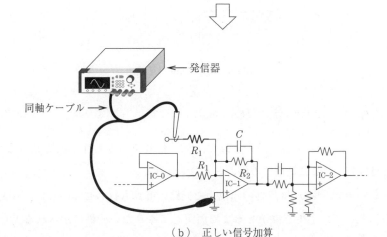

（b）正しい信号加算

図 5.27 電気信号の加算（2）

式(5.1)において，入力電圧は v_in の箇所である．だから，バッファ IC-0 の出力が入力抵抗 R_1 を介して IC-1 への入力となっていることに構うことなく，図 5.27（a）のように，信号を入れ込む R_1 のバッファ出力の箇所に，すなわち式(5.1)の v_in のところにプローブを接触させたのである．電位を持つ箇所に発信器の出力電圧を接続しており，明らかに間違いである．

しかし，学生の気持ちをさらに代弁すれば，発信器の出力が接続箇所から「しみ込むように加算」されていく，というイメージを持ったに違いない．想

像力がきわめて豊かである。たぶん本人も，接続に自信はなかったはずだ。教員に相談することをしないで，大胆不敵な実験を敢行した。見事と言うしかない。

【正しくは……】

ここで，教員から学生を非難することは容易である。すなわち，講義中，図 **5.28** に示す**加算回路**の計算を演習問題として与えて，式 (5.2) を得る解説は行っているからだ。

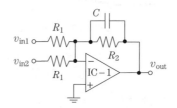

図 **5.28**　加算回路の演習問題

$$v_{\text{out}} = -\frac{R_2}{R_1} \cdot \frac{1}{1+R_2Cs} \cdot (v_{\text{in1}} + v_{\text{in2}}) \tag{5.2}$$

したがって，図 5.27(b) のように，加算信号を導き入れる抵抗 R_1（太線）を外付けし，ここに発信器の出力を入力すればよい。

講義の中で，図 5.28 以外の類似した回路の計算も行わせている。この実績を盾にとって，学生を泣かせるまで面罵してやりたい衝動にかられる。しかし，企業の現場でも，まったく同様のやり方をした開発者がおり，無惨な失敗となった。

なぜなのだろう。一つの原因として，図 5.23 のローパスフィルタや図 5.28 の加算回路を単独のままで示し，この伝達特性を導く演習問題を解かせていることにあるのかもしれない。これらの回路形式における抵抗やコンデンサの接続箇所，そして個数を改変してはならない，と思い込むのであろう。改変しても構わないことを説明してから，図 5.28 の回路計算を行わせればよいと思っている。例えば，次のとおりである。

図 5.29を参照してほしい。まず図(a)の電子回路を使って機能を満たすか否かを試験していたとする。機能は満たしている。しかし，電気信号をこの回路の中に入れ込み，この信号に対する応答を計測して電子回路の動作を定量的にとらえる必要が出てきた。信号加算のためだけに，電子回路基板をもう1回製作し直す手間ひまは掛けられない。そこで，図(b)に示すように，製作済みのIC-1にさらに抵抗R_1を付け加える。そうすると，新たに設けた抵抗R_1を使って，信号が加算できる。そうすると，付け加えた抵抗R_1を含めた電子回路は，図(b)の破線の四角で囲む部分となる。この回路形式を加算回路と言う。回路計算しやすいように，入出力電圧に記号を定義する必要がある。図(b)フキダシ内のように，二つの入力電圧をv_{in1}, v_{in2}と，出力電圧をv_{out}と定義する。さて，v_{out}を導いてみよう。

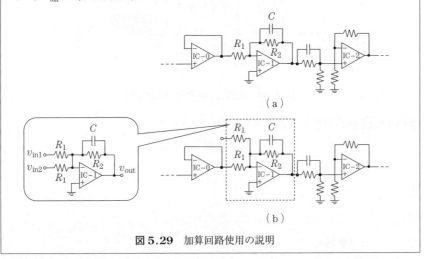

図 5.29 加算回路使用の説明

こんな調子で加算回路の使われ方を話し，それから回路計算の演習をさせることが効果的かと思う。

5.7　オシロスコープは何のために使用？

オシロスコープは電気技術者にとって基本測定器の一つである。これは，工学的な現象を電気信号してとらえる道具である。機械を動かしている場合，電気信号は機械の振舞いそのものなのだ。しかし，学生は電気信号と機械の動作

という両者を関連づけられない。この例を具体的に見ていく。

5.7.1 減衰振動波形

図 5.30 は,右下に示す円形の弁体を所定の角度だけ回転させ,この角度で止めたときの波形である。減衰振動波形[4]になっている。自然現象の中でよく出現する波形であり,テキストでは重要な技術用語として太字になる。

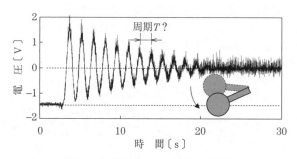

図 5.30 位置決め時の減衰振動波形

学生：位置決め波形を測定しました。

先生：所定の角度に位置決めされている。振動周期をデータから読み取ったのか。

学生：いいえ読み取っていません。

先生：どうして。なぜ,なぜなの。なべやかん。

学生：……（無言）。

先生：話を戻す。気持ちがまったくわからない。モノが振動しながら所定の角度で止まっている。これが物理現象そのものだ。だったら,この周期 T はどのくらいなのだろう,と知りたくなるじゃないか。知りたくならないのか？

学生：そうでした。これから波形の山と山の時間幅をデータから読み取ります。

5.7.2 オーバシュート

図 5.31 は超音波モータの位置決め波形である。Target＝500〔count〕の波

5.7 オシロスコープは何のために使用？

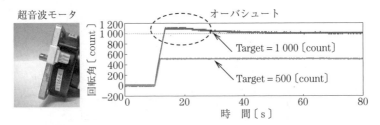

図5.31 オーバシュートを持つ超音波モータの位置決め波形

形はモータを半回転させたとき，Target = 1 000〔count〕のそれは1回転させたときの波形である。

学生：500と1 000カウントの指令に対して，そのとおりに超音波モータが回転しました。

先生：制御が働いていると確認できた。ほかに何か気づかないのか？

学生：時間が経過したとき（図5.31の右端），500と1 000になります。なにも問題はありません。

先生：ここ（破線の楕円部分）の部分は，どのように解釈するの？

学生：そう言われると，なんだか突き出た感じですね。

先生：**オーバシュート**と言うのだ。

学生：そういえば，制御工学の試験問題に出た記憶があります。

先生：オーバシュートという技術用語で言えなくてもよい。言えたほうがよいが……。500と1 000カウントのとき過渡的な波形に違いがあることに，なぜ注意が向かないのか。面白いとか，あるいはこのような現象がなぜ起きるのかという疑問を持たないことが問題だ。

学生：先生の言われるとおり，波形をじっくり見るとそのとおりです。過渡現象のところに違いがありました。

5.7.3 オフセットとドリフト

図5.32は，ある物体の温度を計測したときの波形である。1回目と数回目の波形はほとんど同じだ。わずかな差異は，計測誤差として見過ごされる。し

128　5. 電気接続のこと

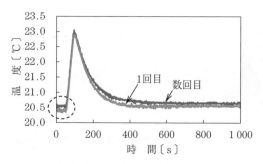

図 5.32　見過ごされてしまうオフセット

かし，波形は注意深く見なければならない．図 5.32 の破線で囲む部分である．微妙に差異がある．

学生：ここ（破線の楕円部分）に**オフセット**があります．計測誤差だと思っていたのですが，どうなのでしょう？

先生：誤差とは何か？

学生：何回も計測したときのばらつきではないでしょうか．そういう意味での誤差です．

先生：いままで誤差だと思っていたが，何らかの物理現象だと言いたいのだね．

学生：そうです．1 回目から数回目の繰返し計測で，スタートの温度が変化している．すなわち，温度が**ドリフト**したのでオフセットが発生した，という現象ではないのかと思うのです．

先生：すばらしい観察力です．私も見過ごしていた．

5.7.4　ノイズなの？

学生：（**図 5.33**(a)を示しながら）センサの出力波形をとりました．

先生：ここの部分（破線の楕円部分）はなに？

学生：なんらかのノイズと思います．

先生：時間軸を拡大して観察したのか？

学生：いえ，やっていません．ノイズではどうしようもない，と思ったからで

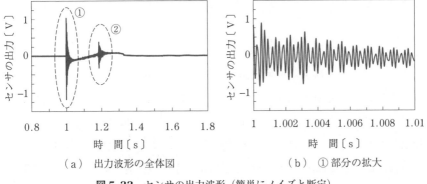

(a) 出力波形の全体図　　(b) ①部分の拡大

図5.33 センサの出力波形（簡単にノイズと断定）

す。

先生：どうして，どうしてなの？　どのような現象なのか見たくなるはずだが。私は知りたいと思う。

学生：そうですかァ。私はノイズと思ったのです。

先生：では，どのようなノイズなの？

学生：調べていません。時間軸を拡大してみます。

　このように，縦軸の振幅や横軸の時間軸を拡大・縮小することはオシロスコープの機能そのものである。それにもかかわらず，オシロスコープの波形を詳細に観察して，物理現象の本質に迫るという態度に欠けている。わけがわからない場合，安直に「ノイズがのっている」と言う。実際に，時間軸を拡大した波形を図(b)に示す。周期的な振動波形であり，ノイズではない。明らかに，センサを含めた計測対象の何らかの性質を示す波形である。

　波形観測のとき，オシロスコープをビクビクしながら操作する必要はまったくない。デリケートな計測機器ではないので，フロントパネルのボタンを多少乱暴に操作しても壊れはしない。縦軸の振幅や横軸の時間を頻繁に拡大・縮小し，波形の全体像および微細像を観測して，物理現象の本質に迫ってほしいものである。

　ただし，少しばかり注意を払わねばならないことがある。計測方法に間違いがあるにもかかわらず，正しいと信じてしまう，あるいは他者に信じ込ませて

しまうことがある．以下では，このような例を述べる．

5.7.5 10：1と1：1のプローブ

オシロスコープによる波形観測のとき，**10：1のプローブ**を使う場合がある．このとき，計測される電圧はプローブにより1/10の減衰器を介してオシロスコープに入力される．だから，真の電圧は，読み取り値の10倍となる．それに対して，1：1は計測電圧がそのままオシロスコープに入力される．電気技術者にとっては，当たり前のことであるが，技術者の卵である学生の場合には，研究を進めるときにトラブルのもととなる．

学生：波形観測から振幅を読み取りました．どうも値がおかしいのです．

先生：おかしいとは何？

学生：電圧振幅が小さいのです．

先生：どのくらいなの？

学生：約十分の一になっています．

先生：わかった．10対1なのだ．

学生：10対1とはなんのことでしょうか？

先生：プローブの根本を見てごらん．スライドスイッチがあり，そこに「10：1」と表示されている．入力インピーダンスを高くして計測系に影響を与えないようにすることを，君は選択したのだ．

学生：私は，選択なんてことはしていません．机にあったプローブを使っただけです．

先生：選択していなくとも，プローブが10：1になっていたのだ．計測前あるいは計測中にチェックすることを君は知らなかったということだ．

5.7.6 DCカップリングとACカップリング

波形観測の結果を報告しなさい，と学生に指示した．ところが，直流信号のはずが，ほぼ零ボルトだと言う．オシロスコープあるいは試作した電子基板の故障と思うので，これからどのようにすべきか，という相談であった．

先生：たぶん，**AC カップリング**の状態で測っているのだ。**DC カップリング**で計測しなければならん。

学生：「でーしかっぷる」って何のことですか？

先生：踊る阿呆に見る阿呆。カッポレ，カッポレ，そ〜れカップルだ。わかるだろ。

学生：……（無言）。

先生：話を戻す。波形観測のとき，直流 DC に交流 AC の信号が重畳している箇所がある。交流成分だけを詳細に観測したいとき，DC 成分が邪魔になる。オシロの縦軸感度をアップしたとき，DC 成分もともに拡大されるからだ。そこで，DC 成分をカットして，AC 成分だけを観測するとき，「AC カップリング」にする。

5.7.7 プローブの校正

学生が何やら作業をしている。プローブの根本を，精密ドライバを使って突いているように見えた。

先生：おいおい，何をやっているのだ。壊そうとしているのか？

学生：プローブの根本のところにねじがあります。何だろうと思って，精密ドライバで回しているのです。

先生：それはプローブの**校正**をするところだ。プローブを分解するためのねじではないぞ。校正をやり直さねばならない。

学生：校正なんかする必要があるのですか？　プローブをつなげば信号は検出できます。

先生：まさか，いままでの観測データが，プローブの根本のねじを無意味に回したときのものではないのだろうね。そうならば，全部の波形を取り直す必要がある。

学生：観測が終わってから，根本にあるねじに気づいて，回してみたのです。ですから，データを取り直す必要はありません。校正とはどのようなことですか？

132   5. 電気接続のこと

先生：プローブの周波数特性を補正する回路の調整を校正と言う（図 5.34）。意味もなく精密ドライバで回したのであるから，再度の校正をしなければならない。

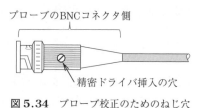

図 5.34　プローブ校正のためのねじ穴

5.8　ショート事故

【概　要】

学生に，図 5.35 の電子回路を自作させた。これはモータの一種であるサーボバルブに通電する 2 種類の電流アンプである。

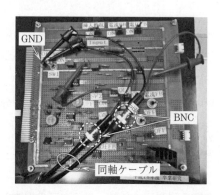

図 5.35　BNC ケーブルによるショート事故

学生：先生，組みあがりました。

先生：では，「**火入れ**」をして「**デバック**」を行いなさい。

学生：火入れですか？　デバックとは何のことですか？

先生：電源を電子基板に初めてつないで動かすことを，おごそかに火入れと言

う．最初の火入れで，電子基板の部品を焼損させてしまうことがある．だから，火入れができれば，少なくとも電源ショートを招く配線ミスはないと確認できる．次に，デバックとは，火入れを行って，電子回路に電源は投入できても，設計した機能が実現されていなければならない．この場合には，入力電圧に対して設計どおりの電流が流れるのかをチェックする行為のことだ．

学生：わかりました．

　しばらくして，また報告があった．

学生：ほとんど，計算どおりに入力 1 V あたり 10 mA 流れる回路になっています．

先生：そうだろう．よかった．でも，「ほとんど」という言い方はなんだ．どのようなこと？

学生：それが，しばしば，計測値が乱れます．ノイズが入った感じなのです．

【原　因】

　読者諸氏は図 5.35 を見てしばしば計測値が乱れる原因がおわかりでしょうか？　同図は 2 本の同軸ケーブルを使って，計測したい 2 か所の波形を観測している様子である．何らの問題もないと思われる．

　しかし，抵抗，コンデンサ，オペアンプなどが基板上に半田付けされており，その上側に BNC の金属部分が載っている．これが問題である．この金属部分は，同軸ケーブルの GND 側である．それを意識しないで，無造作に基板上に BNC の金属部位が載せられている．電位を持つ部分とショートしないことを保証する計測ではない．むしろ，電位を持つ例えば抵抗のリード線などにショートすることのほうがはるかに多い．

　このように説明すると，「なるほど」と納得してくれる．しかし，BNC の金属部分がアースであることに何らの注意も払わなかった．それにもかかわらず「同軸ケーブルを引き回したとき，どうしても金属部分を基板に載せざるを得ないのです．」と反論してくる．性格が素直ではない．「基板上の電子部品と BNC の間に，絶縁物を差し入れなさい．」と言うことになる．

5.9 筐体アース

4.7節で,空圧式除振装置の空気漏れ原因を突き止め,そしてこれを修復した過程を説明した。しかし,じつは,この漏れは,空圧式除振装置に備えられる圧力センサの出力に重畳するノイズが真の原因ではなかった。

真の原因は,電磁波の侵入や漏えいを防ぐ機能を持つ**筐体アース**(きょうたい)(シャーシアース)が外れていたためであった。

【概　要】

図5.36に圧力センサの出力信号を示す。いままで,図中の「正常時」の波形であったが,ある日突然に,「異常発生時」のように高周波ノイズが重畳した出力信号となった。4.7節で述べた作業以降に,真の原因を見い出した過程を説明する。

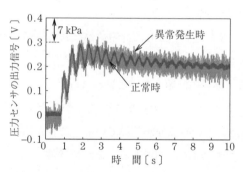

図5.36　正常時・異常発生時の圧力センサの出力信号

【空気漏れ事件のその後】

ほぼ1か月を費やして,エアーコンプレッサ,レギュレータ,そして空圧機器を結ぶ全配管の空気漏れ対策を行った。具体的には,4.7節で説明のとおりである。この作業により,最終的には空圧式除振装置を起動したとき,同装置に内蔵する圧力センサの出力信号に重畳する高周波ノイズが消滅しなければならない。配管からの空気漏れが,圧力センサに重畳するノイズの原因と信じて

いたからだ。

　空気漏れをなくしたので，これでやっと空圧式除振装置を使った研究テーマを再開できる。空気漏えい問題の取り組み中は，研究テーマを進めようがなかった。だから，圧力センサに重畳するノイズ状のものが完全に消滅した，という学生の報告を心待ちにしていた。ところが，学生の報告には落胆することになった。

学生：先生，ノイズが消えていません。以前のままです。

先生：配管からの空気漏れを完全になくしたのにノイズが消えないだって？それならば，空気漏れが原因ではなかった，ということになる。一体どこに原因があるのだ。

　一生懸命に作業に取り組んだ学生も落胆している。真の犯人に迫る次の行動を起こしたいが，私も気分が落ち込んでしまった。

先生：しばらく考えたい。作業はストップだ。○○君は自分の机に戻って，いままでの作業の過程をまとめておいてくれ。それを使って，仕切り直しをしよう。

　空気漏れが犯人と信じていた。だから，空気漏れが原因でない場合のことなど一切考えていない。チープな頭は一つのことしか考えられない。次の手を打たねばならないが，何らのアイディアも浮かんでこない。

【装置を眺めると……】

　そこで，実験装置を眺めれば，この装置が何らかのヒントを語りかけてくれるであろうと思った。実験室にいくと，DSPは作業机と平行に並べられていた。上部からAD変換器，DA変換器，Digital IO，そしてDSP本体の順番にユニットが積み重ねられており，DSP背面が私のほうに珍しく向けられている。そう，偶然だったのである。ほとんどの場合，私が実験室に入ったとき，DSP正面が目に入るように置かれている。だから，置き方が珍しく違うということが気になって，電源ケーブル類の引き回しに注意が向いたのである。これらは綺麗に引き回されている。しかし，筐体アースのケーブルが外れているように見えた。近づくと，確かに筐体アースが外れている。

具体的に示すと，図5.37の写真の破線で囲む部分である。これが原因に違いない。つい先ほど，作業中止を言い渡した学生を即座に呼んだ。

図5.37　DSPの筐体アース

先生：ここの筐体アース線が外れているぞ。台車のDSP装置を，実験装置ごとの場所に持っていく。実験が終了すると，学生の行き来の邪魔にならない場所にDSPを待機させる。この台車の移動によって，筐体アースのねじが緩み，アースのより線が外れたようだ。いま，より線をねじ締めした。実験をやって確かめなさい。

学生：すぐに実験をやります。

この後，大した時間は掛からなかった。嬉しそうな学生の顔から，実験結果は明らかであった。

学生：先生，ノイズが消えました。

波形を太らせていたノイズは，図5.38のようにあっさりと消滅したのであ

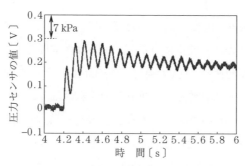

図5.38　筐体アースを確実にとったときの圧力センサの波形

る。あっ気ない幕切れであった。なぜならば，配管からの空気漏れが犯人であると信じ，1か月もの時間を使って，この原因を探し出し，これを完全になくした。そして，配管からの空気漏れをなくしたその日に，漏れがノイズの原因ではないとわかり，その直後に筐体アースが外れていたことが真の原因とわかったからだ。

【筐体アース線が外れた理由】

筐体アース線にテンションをかけると，これが外れてしまう可能性が高いことはわかっていた。だから，各ユニットのAC電源ケーブルを束ねたために太くなる箇所に，筐体アース線を絡げてはいた。対策は施していたのである。

しかし，各ユニットを搭載する台車を実験開始・終了のたびに移動せざるを得なく，筐体アース線に繰返しのテンションをかけていた。また，狭い実験室での学生の移動は頻繁であり，何気なく筐体アース線に触れることもあったに違いない。悪意なく，ユニット背面の配線群に身体を押し付けていることもあったはずだ。このため，徐々に，筐体アース線がユニット背面の筐体アースねじから脱落したのである。

6. 失敗の事例

　学生のおかした失敗を4例，そして過去に筆者が招いた事故2例を説明する．この事故が，もし悪いほうに波及したときのことを考えると恐ろしいばかりである．その点，学生の失敗は，いまのところ最悪の場合でも高価な装置を破壊し，私の研究費を細らせる程度にとどまる．これらの失敗と事故を疑似体験して，自身が同類の失敗や事故に遭わないようにしてもらいたい．最後の6.6節「大規模プロジェクトの失敗」の話題は，企業の技術者時代にいくつかの開発テーマに従事した結果を総合したものである．

6.1　抵抗からの発煙事故

【概　要】

　メカトロニクス分野の研究室を運営しているため，モノを動かすための回路を自作させる．例えば，モータや電磁石を駆動するには電流を流さなければならない．そのため，**パワーオペアンプを使った図6.1**に示す電子回路を学生に製作させる．

　まず，「爪を見せなさい．」と学生に問う．いままで爪を長く伸ばした学生は男女問わずいなかった．もし，爪を伸ばした学生がいれば，これを短くしなければならない理由を丁寧に説明する必要がある．

　次に，「半田付けの経験はあるか？」と問う．「学生実験のときに半田付けのテーマがあった．」という寂しい回答である．そこで，若いときに自作したアナログ回路基板を学生に手渡して，「ここに実装されている電子部品をすべて外す練習をしなさい．」という指示を与える．「半田がどのように溶けるのか．

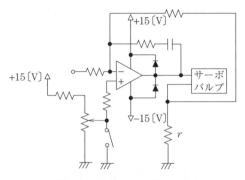

図 6.1　製作させた電子回路

半田ごての先端が汚いときどのようになるのか。このことを注意深く観察しながら作業をしなさい。」，「部品を外した後の回路基板の状態，半田ごての配置を含めた作業の様子，そして作業終了後の始末の様子は点検する。」と言い渡す。

図 6.2 はある学生に作業をさせた結果である。私の点検に応じるため，ごみとなる除去半田と，取り外した部品を丁寧に箱に入れてある。あっぱれなり。

図 6.2　電子部品を取り外す作業

さて，予告のとおり，学生の作業が終了したので，取り外した抵抗，コンデンサ，オペアンプ，ダイオード，そして配線を除去した半田面の基板を点検した。そして，しげしげと眺める。基板上に残る半田の状態，半田の色つやなどを見る。雑な扱いをしてはいないことが確認できた後に，はじめて回路図に基

づく電子回路の製作を許可する。だから，ここで新品の基板を与える。数日すると，半田付けが終了して回路の製作は完了となる。

しかし，図6.1の回路製作後に，電源を投入させてデバックの指示を出したところ，「先生，抵抗を燃やしました。」という報告を受けた。「しまった，あそこに注意を与えなかった。」と悔やんでもあとの祭りである。

【焼損箇所】

部品箱に常備しているアキシャル・リード型炭素皮膜抵抗器の**定格電力**は $1/4\,\mathrm{W}$ である。図6.1を参照して，電流検出抵抗 r に流す出力電流 i の計算は，回路に火を入れる前に行わせている。この計算から，電流 i の大きさは把握しているものの，電流検出抵抗 r の箇所に $1/4\,\mathrm{W}$ を使ったので，定格電力を超えて燃やしたのである。

注意を与えない教員に落ち度がある。言い訳を言えば，図6.1の電流アンプの電流値の場合，電流検出抵抗 r には $1/4\,\mathrm{W}$ よりもサイズが大きいものを，すなわち電流を流しても燃えない抵抗を選ぶことは常識である。しかし，この常識は技術者として仕事をしていればという限定付きだ。初心者には電流検出抵抗にワット数の大きいものを選びなさいという注意を与えるべきである。

【教　訓】

抵抗 r に電流 i を流したときの**消費電力** P を求めよという問いに，電気系学生ならば即座に $P=ri^2$ と答えられる。高校物理の教科書にも記載されている公式であり，高校生だって正解をだせる。

しかし，学生の場合，消費電力の数値計算はできるものの，いままさに取り扱っている抵抗器の定格電力に注意が向けられることは，いままでの研究室運営の中で皆無であった。ここで，定格電力とは，抵抗器が耐えられる消費電力（ワット）のことであり，この数値を超える電流を通電した場合には燃えてしまう。このことを，学生は意外に知らない。経験してはじめて理解するようだ。加えて，電流の大小に関する感覚がない。「人間が死亡に至る電流はどのくらいだと思う？」との問いに，「そうですね。1 A ぐらいですか。」という具合である。まさか，この電流であると丸焦げだ。電流の大きさに対する感覚が

ないから，最大定格電流1Aのトランジスタに100 mAの電流を流したときの発熱の程度の肌感覚もない．だから，ヒートシンクなしのトランジスタを，平気で基板上にそのまま実装する．このとき，実装直後のトランジスタは設計どおりに動作していても，電流の通電時間が長くなると熱暴走となる．そのためトランジスタは破壊にいたる．

経験を積めば明々白々な現象であるが，学生の場合，なぜトランジスタが破壊にいたるのかを理解できない．電流を流すことは恐ろしいことなのだという理解である．

6.2　装置からの発煙事故

【概　要】

企業で磁気軸受を用いたターボ分子ポンプの研究開発をしていたとき，電気装置から白煙をあげる事故を起こした．当時図 **6.3** に示すターボ分子ポンプを定格 20 000 rpm 近くで回転させていたのである．この，電子基板の短絡を招く行為により，磁気浮上の状態であった定格 20 000 rpm のロータを瞬時に無制御状態にした．その結果，ロータはタッチダウンベアリングに激しくたたきつけられ，同時に電気装置から白煙をあげる結果を招いた．

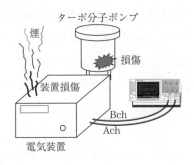

図 **6.3**　発煙事故の様子

【原　因】

磁気軸受とは，電磁石の吸引力を使って，ロータを非接触で支持する機能を持つ．電磁石に電流を通電する電流ドライブ回路は図 **6.4** である．トランジ

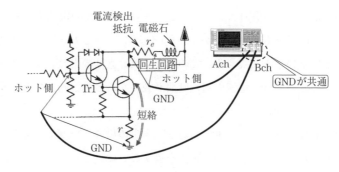

図 6.4 事故の原因

スタは2段接続されている。いわゆる**ダーリントン接続**である。電磁石はインダクタンスである。これは誘導性負荷であり，したがって並列に**回生回路**も接続されている。

電磁石に流れる電流を知るには，図6.4を参照して，抵抗rの電圧降下を検出すればよい。しかし，電磁石に流れる電流そのものを直接検出したかった。そこで，図6.4のように，電磁石と直列に手作りの微小抵抗r_eを挿入する工作を行い，この電圧降下を観測することにした。

まず，2本のプローブを計測したい箇所に接続した。具体的に，1本目のプローブは，オシロスコープのBchに接続するとともに，プローブの他端は電流ドライブ回路にあって初段のトランジスタTr1のベース電圧を測定するようにした。つまり，プローブのGNDを電流ドライブ回路のGNDに，プローブのホット側フックをTr1のベースのピンにかけた。そして，2本目のプローブは，電流検出抵抗としての微小抵抗r_eの両端にピンを引っかけておいた。ただし，このプローブはオシロスコープのAchに接続するが，Bchの波形を観測してからつなぎたいと考えて，オシロスコープには未接続の状態にしておいた。

磁気浮上を行わせ，次にはロータの回転も起動させて定格 20 000 rpm の状態になるまで待った。そうして，回転中のTr1のベース電位を観測した。計算のとおりのベース電位である。満足した自分は，次の行動に移ろうとした。

Bchの信号と同期させて，Achの信号を計測するという行動である．このとき，ロータ回転20 000 rpmのままで，AchのBNCをオシロスコープ側に接続することは危険かもしれないと思った．しかし，回転停止には手順があり，時間が掛かる．気短な自分は，回転状態のままで，プローブをオシロスコープのAchに接続することにした．プローブ（オス）をオシロスコープのBNC（メス）へ接近させたとき，青白い閃光が目に入り，「やばい」と思った．しかし，BNCを接続する手の動きのほうが勝って，完全な接続状態にしてしまった．この瞬間，電気装置から白煙があがるとともに，定格回転中のロータが，タッチダウンベアリングに叩きつけられたのである．

　原因はオシロスコープの取扱いに関する無知であった．**オシロスコープのAchとBchのGNDは共通**なのである．そのため，すでにBchに接続してある電流ドライバのGNDと，次に私がAchにプローブを接続したことによって，最終段のトランジスタのコレクタが強制的に共通電位となった．すなわちショートさせたのである[1]．

【想定される事故の種類】

　この発煙事故によって，幸いなことに自身が怪我をすることはなかった．あるいは他人に怪我を負わせることもなかった．そして，電流ドライブ回路は完全に破壊したが，製造コストが高いロータには損傷がなかった．しかし，偶然の連鎖が不幸な方向に転じたとき，惨事を招いたかもしれない．**図6.5**を使って，いくつかのパターンを分析してみる．

　①の場合：電磁石に大電流を流す電子回路ではなく，信号処理のように小さい電流しか流れない回路基板を扱っていたとしよう．この場合，素子の破壊は，危険を感じないレベルのものとなる．

　②の場合：実験準備あるいはその最中に，もし経験豊富な開発者が自分の行動を見ていたとしよう．経験者であるほど，現時点の作業から次の行動は手に取るようにわかる．経験者からの注意を逐一受けていれば電子基板を損傷させるという事故は起きなかったと考えられる．

　③の場合：このケースの事故を実際に起こした．

144   6. 失敗の事例

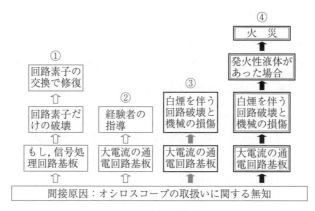

図6.5 事故の種類

④の場合：白煙をあげたところまでは上記③と同様である。しかし，白煙をあげた場所の左右と前の作業机は，当時，ほかの開発グループが所有していた。小型プリンタの開発をしていたのである。もしここに発火性液体などが放置されており，これに白煙に交じる火花が引火したら火災という惨事を招いていた可能性がある。

【教訓：失敗は財産】

この経験以降，同一原因による自分自身の失敗はもちろん皆無である。失敗の直後，自分自身が恥ずかしくオシロスコープの専門書籍を購入して，自宅でひそかに読んでいた。工学系書籍の場合，一読しただけでは，内容の理解がはかばかしくない。しかし，オシロスコープの基本機能を知らず，そのために失敗した恥ずかしさのためであろう。記載内容が容易に吸収されていったと記憶する。「失敗学のすすめ」の著者である畑村洋太郎先生も言われている。「実際に機械に触っている経験があるのとないのとでは，知識を吸収する素地はまったくちがうことがよくわかりました。」[2]と，企業に勤めていたときの思い出を述懐している。

そして，事故を起こした経験があるからこそ，学生が行う実験の様子から事故を招く予兆を嗅ぎ取れる。プローブの接続の仕方から，オシロスコープのチャンネル間のGNDが共通であることを無視する計測をおかしそうな学生は

わかる。もちろん私が経験済みだからだ。また，作業の段取り（準備），機材の配置，そして指示に対する反応を見たとき，危なそうな学生に事前の注意を与えられる。失敗は財産なのである。

なお，スピリチュアルな内容であるが「思考は現実化する（ナポレオン・ヒル著）」[3]という書籍がある。この中に「失敗は形を変えた恩恵と思え」という見出し付きの記述がある。そのとおりである。失敗を汚物のように見てはならない。恥ずかしいこととして隠してはならないのである。

6.3　INとOUTの誤認による失敗（その1）

【概　要】

図6.6の中央の写真は**スライダック**（東芝の登録商標）と呼ばれる。機能的には，**単巻変圧器**であり，2次巻線側に接触させた可動摺動子によって変圧比が可変となる。具体的に，手動回転のノブを時計回りに回転させて，交流電源の電圧を0Vから徐々に上げ，最終的に50Vあるいは150Vに電圧を設定するときに使用する。企業の研究開発の場面で，使われることはない。

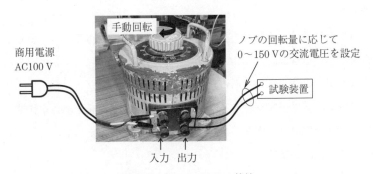

図6.6　スライダックの接続

しかし，大学の研究室では，自作した電子回路を含むメカトロ機器の試験を行うとき，このスライダックが重宝だ。理由は，ノブの回転角と回転スピードとに応じて，図6.6の「出力」に電圧が現れ，このことが試験装置にとって都

合がよいからだ．スライダックを介すことなく，図6.6右側に示す完成度の高くない試験装置に，所定の交流電圧を瞬時に投入したとき，どのようになるであろう．例えば，試験装置に可動機構があれば，これが大暴走することになる．つまり，電源投入の瞬間に試験装置を破壊してしまうことを避けるため，徐々に電圧を上げられるスライダックを使用している．

当然のことであるが，スライダックの入力には，商用電源ラインを結線してAC 100 Vを印加する．このとき，回転ノブを反時計回りいっぱいにしておくと，出力の電圧は0 Vである．ノブを時計回りのある回転角度だけにとどめると，回転角度に応じた電圧が出力に設定される．そして，出力側に，試験装置を接続する使い方となる．

ある日，学生が申し訳なさそうに居室に入ってきた．
学生：先生，スライダックを壊しました．

このような報告を受けた．激烈な私の叱責を恐れて，おまけの言葉も添えていた．
学生：先生がいつも言われている報連相(ほうれんそう)を守りました．

きわめてうまい．私の性格をとらえている．怒りは少しだけ緩和されたが，納得できない．
先生：いままで随分と実験を重ねてきている．ここに至ってスライダックを壊す理由がわからない．

返答は下記のようなものであった．
学生：じつは，実験机を整理するために，機器類の配線を全部外す作業をしました．整理後に再び配線をしました．このとき間違えました．

私は，さらに問い詰めた．
先生：間違えようがないじゃないか．商用電源をINに接続し，OUTを実験装置につなぐだけだ！
学生：じつは……，INとOUTを逆につないだのです．

【原　因】

図6.6を参照してほしい．スライダックの端子板には，これと同色の黒の浮

き上がり刻印がある．見えにくいので，私がわざわざ入力INと出力OUTのラベルを貼り付けていた．しかし，スライダックそのものに対する入力INと出力OUTという意味にも関わらず，これを正反対の解釈で誤接続したことが失敗の理由である．

【教　訓】

すでに何回も実験を行っており，結線の過誤でスライダックを破壊するとは想定もしないことであった．丁寧に入力INと出力OUTの大きな表示を付けている．この意味を取り違えることはあり得ない，と思いこんだことが問題なのだ．教員が当然と思い込んでいることを，じつは学生は意外にも理解していないのである．

6.4　INとOUTの誤認による失敗（その2）

機器にINとOUTという表示があるにも関わらず，意味を真逆に取り違えた失敗は，6.3節のスライダックの誤接続に限らない．ほかの事例を紹介する．

【概　要】

図6.7は空気ばねをアクチュエータとして備える空圧式除振装置および実験装置の構成を示す．同装置に組み込まれる薄いゴム製の空気ばね内に空気を供給すると，弱いばねとなる．そのため，ばね下の振動のばね上への伝達が抑制される．専門用語を使えば，除振される．この機能を実現するため，エアーコンプレッサから供給される空気を減圧かつ平滑化するレギュレータを通して，ノズルフラッパサーボバルブに供給している．このバルブの弁開閉は，圧力センサ，加速度センサ，そして位置センサの出力に基づいて調整される．

ある日，学生から次のような報告を受けた．

学生：いままでの実験では，計算機制御（図6.7でDSPと表示の装置）をオンにすると空気ばねに空気が入って除振台が浮上しました．今日も同じ実験をしたのですが浮上しません．装置が壊れたようです．

まったく事情が呑み込めない．他人ごとのような報告であり無責任だ．そこ

148　6. 失敗の事例

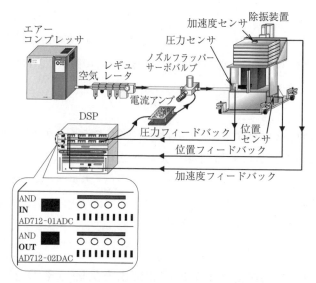

図 6.7 空気ばねを使った実験装置の構成

で，次の問いを発した。

先生：簡単に壊れたなどと報告するな。なぜ，浮上しないのか？　原因は何か？　装置のどこが壊れたというのか？　壊れたという証拠は何なのか？

　学生の回答は次のようであった。

学生：わかりません。

先生：装置間の接続は複雑だ。だから，実験に入る初期の段階で，わざわざ時間を掛けて実体図面（図 6.7 のこと）を描かせているだろ。この図面を見ながら接続したのか?!

学生：いつもどおりの接続です。間違いありません。

先生：事情が呑み込めない。説明もなっていない。装置があるところで説明しなさい。

　このような会話の後に，装置を前にして再び説明を受けた。

先生：空気が空気ばねに入らなければ，除振台は浮かない。空気の供給は大丈夫なのか？

学生：大丈夫です。

先生：どのように？

学生：コンプレッサから騒音があります。だから，空気は供給されているはずです。

先生：コンプレッサに電源が入れば，運転の騒音はある。しかしだ，空気供給のコックを閉めたままでは空気は送られない。これは開かねばならない。開閉用のコックは？

学生：コックですか？ それはどこにありますか？

私がチェックしたところ，幸いなことにコックは開いていた。

先生：コンプレッサから空気が供給されても，サーボバルブが開かないから除振台を持ち上げることができない。バルブが開いていないのでしょ。だから，除振台が着地したままなのだ。そうでしょ。

学生：（私の話を聞きながら，ケーブルの引き回しを見直して）申し訳ありません。接続を間違えていました。**ADC** と **DAC**（図6.7参照）の接続がたがいに逆でした。

【失敗の理由】

装置の破壊には至らなかったが，6.3節のスライダックの破壊事故と同類の間違いである。図6.7を参照して，圧力・位置・加速度センサの出力はDSPのINに，すなわちADCに入力しなければならない。そして，これら三つのセンサ信号を使った演算を行わせた結果をDACに出力する。いつもどおりの接続をしたと言った学生は，INとOUTの機能を逆に解釈して接続を行ったのである。INとOUTの表示は，機器そのものに対する入力と出力のことである。このことを取り違えていたのだ。

より詳細に，INと表示のADCとはanalog digital converterであり，アナログ信号をディジタル信号に変換する機器である。したがって，アナログ信号をADCに入れる，すなわち入力する。図6.7では，圧力センサ，位置センサ，そして加速度センサが計測した出力をADCの入力とする。次に，OUTと表示のDACとは，digital analog converterあり，ディジタル信号をアナログ信号に変換する機能を持つ。このアナログ信号を出力するのである。したがって，図

6.7を参照するとわかるように，DACの出力は電流アンプの入力に接続することになる。

じつは，6.3節で紹介したスライダックのINとOUTの表示と同様に，この機器にもINとOUTのラベルは付けていた。ラベリングしていたとはいえ，意味を取り違えられたら役には立たない。

【反省を要する事項】

INとOUTの機能を逆に解釈したという失敗を1回おかせば，再び同種の失敗をおかすことはないであろう。事実，この失敗以降の彼が，INとOUTを取り違えることはなかった。

問題は，空気ばねを使った除振台がいつものとおりに浮上しない現象から，いくつかの考えられる原因を推定し，検証を通して真の原因に迫ることができないことにある。もちろん，原因を突き止められなければ，教員に相談すればよい。このとき，他人にわかるように，その人の頭にありありと映像が浮かぶように説明する言語能力を持ち合わせていない。このことが問題である。

6.5 感 電 事 故

【概　要】

図 **6.8** は**クリーンルーム**（以降，CRと略記）を天井から見たトップビューである。この中は清浄でなければならない。そのため，天井から床に向かって温度一定の空気が流される。これを**ダウンフロー**と呼ぶ。一定温度の空気を流

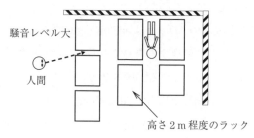

図 **6.8**　クリーンルームのトップビュー

6.5 感 電 事 故　　151

し続けているため，CRの機能維持にはコストが掛かる。そこで，維持費用が掛かるCRには，機器群が密集して置かれる。

　図6.8の長方形は，CRに収められている機器の配置を示す。機器の高さは2m程度である。この中には，電子基板が何枚も挿入されているラックもあり，この電源は常時通電されている。そして，右上に横たわる人の形は，じつは筆者である。人間一人だけが通れる幅の通路に，直流300Vに感電した電撃によって昏倒した姿である。

　人間が昏倒したならば，CR内にいる他の人に助けられたはずだと考えられよう。しかし，ダウンフローの送風音とともに設置機器から発生する騒音は大きい。したがって，人間が昏倒した音をCRの中で聞き分けることは不可能である。そして，たとえ私以外の開発者がいたとしても，機器群が密に配置されているので，わずかな隙間から昏倒した私を視認できない。薄れた記憶であるが，感電によって昏倒したとき，CR内に私以外は居なかった。

【感電の理由】

　事業部支援の研究所に所属していた私は，メカニカル機器を動かす電子基板の動作を理解したかった。回路図だけから，おおよその理解は得られていたが，実際の動作を生波形で観察したかった。そこで，事業部の担当者に問い合わせをした。CR内に対象機器が設置されているようだ。まず，ラックを見つけ出し，さらに観測したい電子基板を特定した。

　しかし，基板間の隙間からは，オシロスコープのプローブ1本も差し込めない。そこで，図6.9のような，**エクステンション**と言われる基板を介して，これに観測したい電子基板を差し込んだ。ちょうど，自分の胸元あたりが電子基板の部品面となり，無理なく多数のプローブを当てられるようになった。

　波形を観測していくと，回路図面から理解の動作を，実際の波形観測によっても追認できた。しかし，そうでない場合も出てきた。回路図面に基づく理解に間違いがあったのだ。頭の弱さに腹立ち，しだいに顔は火照ってきた。そこで，回路動作の理解を進めるために，測定部位を変えて計測することにした。それはメカニカル機器を動かすための高圧電源の箇所である。高圧であること

152   6. 失敗の事例

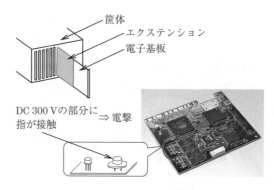

図6.9　感電事故の様子

は，CR内で使用できる**クリーンペーパ**に印刷された回路図から明確であった。図6.10のように，3本の電極を持つモールドのトランジスタとともに，ケースが金属のタイプも混在している。この金属部分には電位がある。注意しなければならないと頭では理解していた。しかし，プローブを観測点に当てる作業のとき，小指がトランジスタの金属部分に触れてしまった。このとき，全身が一瞬硬直したのち，昏倒したのである。幸い，むくりと起きあがることができた。そのため，CRを出た後，何事もなかった顔をして居室のデスクに戻った。

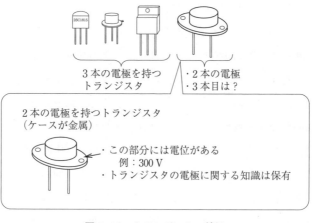

図6.10　トランジスタの種類

6.5 感 電 事 故   153

【偶然性の分析】

図6.11は大海原に浮かぶ氷山の断面を示す。死亡事故などの重大事故が起きたとき，この事故そのものは目に見える氷山の一角に過ぎない。じつは目に見えない海面下の氷山部分に膨大な量の事故があって最悪のケースに至る。このことを表現するために使われる図面である。「**ハインリッヒの法則**」と呼ばれる。

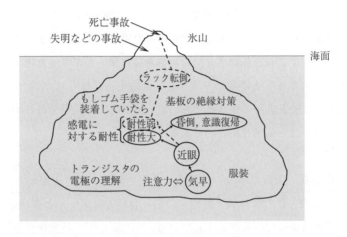

図6.11 ハインリッヒの法則に基づく偶然性の分析

この氷山の図面を使って，私が死亡することなく，本書の原稿を執筆できた因果関係を分析する。

図6.10に示すトランジスタのパッケージングに関する知識はもちろん保有していた。つまり，2本の電極を持つトランジスタの場合，3本目の電極がケース全体であることは熟知していた。だから，オシロスコープのプローブを観測点に当てる作業の際には，電位を持つ危ないトランジスタは視界に入っていた。しかし，性格の面で言うと気早である。既述のように，回路基板の動作理解が遅い自分自身に苛立っていた。メイン電源をオフにしてからプローブを電子基板に当て直し，再びメイン電源を投入する手順をとれば感電はなかった。しかし，メイン電源がオン状態のままで，プローブを計測ポイントに当て直す作業を選んだ。この作業中に危ないトランジスタは視界に入っていたが，

次の瞬間には近眼かつ視野狭窄のため高い電位を持つトランジスタが視界から消え去り，私の小指が直流 300 V と接触したのである．

幸いなことに，感電に対する耐性があり，昏倒の後に起き上がれた．もっと定量的に言うと，感電時に人体に流れる電流が 50 mA を超えれば死亡の可能性が高くなるので，この数値には達しなかったことになる．しかし，図 6.11 を参照して「気早 → 近眼 → 感電」までは同様であっても，もし感電に対する耐性が弱い人間であったら事態は変わっていた．図 6.11 の破線のように，昏倒のまま意識が回復しない．あるいは昏倒した際に，大重量のラックに身体を預けた結果としてこれを転倒させ，自身の身体に覆いかぶさった場合には死亡していた．もちろん，大重量のラックに転倒防止策は施されていた．しかし，たまたま CR に搬入直後のラックであって，転倒防止の工事をこれから行う状態だったということもあり得たのである．

【教　訓】

この事例から，失敗（事故）は偶然に支配されていることがわかる．つまり，事故＝知識×体力×体調×性向×設備×会社方針×……と表現したとき，各要因の連鎖によって事故が発生している．したがって，重大事故を招かないためには，それぞれの確率を小さくすることが肝要となる．

また，危険に対する知識を持っていても，人は事故を起こしてしまうのである．もちろん，知識がない状態で危険な作業を行わせてはならない．だから，企業の現場では，安全教育を実施し，必ず受講履歴が記録されている．大学でも，薬品を取り扱う研究室ではセミナーを開催して安全指導が行われている．しかし，安全教育をしたからと言って事故は起きないと信じてはならない．

【もしも……】

感電事故を起こしたとき，モノを壊したわけでもなく，自身の身体にもまったく異常はなかった．感電によって筋肉がほぐれたのか，翌朝はきわめて快調であった．だから，上司に報告はしていない．「報連相」の精神に照らせば報告すべきであったかもしれない．半田ごてを使っての火傷や，工具カッターを使ったときの切り傷などは報告しない，と同じ感覚であった．もし，報連相を

律儀に守って上司に報告し，上司が問題提起したならばどのようになっていたであろう。たぶん，会議で次のような数々の対策が提案される。それは「何々すべき」という対策であり私は受け入れられない。

（1） 回路機能を十分把握してから実験を行うべき

回路機能がわからない。だからこそ，実際に動作している回路の調査を行なっている。「回路機能を事前に十分把握しなさい。」という正論は論破できない。正論であるが，回路機能を把握するための現実的な解にはなっていない。

（2） 絶縁対策を施してから実験するべき

絶縁対策として，ゴム手袋の着用がある。高クリーン度のCRでは，ゴム手袋を着用しなければならない。感電事故を起こしたCRのクリーン度の程度では着用は不要であった。着用不要とはいえ，ゴム手袋を使用しても構わない。しかし，夏の季節にゴム手袋を着用することを想像してほしい。温調が入るCRといっても，数分もすると手袋の中に汗が閉じ込められて不快なことこのうえない。そのため，簡単な作業でさえも，かえって煩雑になる。

（3） 事故が起こったときの対応を考えて，2人以上で実験をするべき

開発者は忙しく，たがいに異なる仕事をしている。このような者同士の日程を合わせ，CRに仲良く入り，そして当事者だけが理解困難という回路動作を調査するという日程調整などは絵空ごとである。「波形の観測ではなくて，回路図だけで理解してください。」と拒絶される。それは，**成果主義**の導入によって，自分の仕事は自分でやることが当然の風潮になってしまったからである。

（4） 回路の実装設計の際，絶縁対策を施すべき

コンシューマ製品の場合，不用意な操作によって事故が起きないように対策が施される。例えば，高電位のトランジスタを露出させて実装せざるを得ないとしよう。トランジスタ全体をゴムで覆うという絶縁対策を行う。しかし，私が扱った回路基板は，ラックに挿入して機能させるものであり，不特定多数の人たちがさわる代物ではない。おもに設計者という専門家が扱う基板である。このような基板に，実装コストを掛けてまで感電しない絶縁対策を施す価値観はない。

6.6　大規模プロジェクトの失敗

　筆者が企業在職の技術者であったとき，開発する対象機器は数年ごとに変わった。メーカー勤めの場合，同一の機器を退職まで開発し続けることは皆無と言ってよい。なぜならば，もくろみを持った開発を進めている中，市場動向の激変による開発中断の経営判断がなされれば，それは宮仕えの身であり受け入れざるを得ないからだ。そうすると，新しい機器の開発に従事することになり，メーカー退職まで同じ機器を扱うことはできないということになる。

　開発者時代，よい技術開発をしたのでこれを製品に入れ込みたいと切望した。製造ラインにのせたいと提案したとき，コストが掛かる，開発から生産技術への移行が難しい，あるいは製品出荷のタイミングが合わないなどの理由をつけられて日の目を見なかったことがある。あるいは，将来の製品に，このような技術を埋め込みたいと提案したとき，欠点ばかりをあげられたこともあった。逆にファイトが湧いて，コツコツとは仕事をしていた。しかし，これが度重なると，若かったので，悲嘆の後に憤慨に変わったものである。

　さて，企業の生き残りをかけて大規模プロジェクトが立案され，これを実行に移すときのことを想定する。プロジェクトが成功すれば，開発中の苦労なんてものは癒される。反対に，プロジェクト全体として失敗の結末になると，不平不満が残ることになる。

【プロジェクト失敗の分類】
プロジェクトの失敗を分類すると以下(1)，(2)の二つに大別できよう。
（1）　開発過程での失敗
　（1-1）　開発コンセプトの過誤による失敗
　（1-2）　開発遅延による失敗
（2）　量産および出荷後の失敗（事故）
　（2-1）　性能未達，市場要求との乖離
　（2-2）　量産性能不良（例えば，ばらつき）

(2-3) 人身・物損事故

ここでは，(1-1)を例にする。

【新製品の必須要件】

新製品の開発において，到達すべき目標が明確にされる。それは，①目標仕様の達成，②他社よりも優れた特長（差別化），③発展性／進化性，そして④納期厳守，といった事項である。

まず，①については言うまでもない。競合他社の製品よりも劣る仕様を設定するわけがない。当然，他社仕様を上回るものを設定する。次に，②であるが，他社よりも仕様が高くなる技術の特長が必要となる。ユーザーの心をつかむ新技術の提示である。続いて，③は製品の継続性に関係する。一発の製品だけが優秀であっても，市場には受け入れられないことがある。以降の製品も価値が高くなる発展性および進化性を備えることが要求される。最後に，④は技術そのものではないが，時間を掛けて他社よりも優れた製品を出しても市場は受け入れない，ということである。ほとんどの場合，出遅れは致命傷となる。

【開発コンセプトの決定】

開発コンセプトを決定するために，いわゆる構想設計が行われる。ここでは，表6.1のように開発コンセプトが二種類に絞られた状態を考える。当然，二種類の比較を行い，一つを選択することが**構想設計**での到達点となる。

選択の規準は，一般には技術の優劣だけと考えられる。しかし，企業文化も色濃く影響することは避けられない。

例えば，大多数の開発者が表6.1(タイプB)を選択したいと主張したとしよう。一方，技術的にオーソドックスではないと思う少数の開発者は，タイプAに賛成している。このようなとき，二者択一にあたっては企業文化が色濃く影響する。

保守的な企業の場合，タイプAのオーソドックスなコンセプトを選択する。一方，革新を標榜する企業は，あえてタイプBを選択する。もちろん，少数ではあるが不賛成な技術者はいる。

ここで，企業文化は不賛成者を賛成者に変えていく。じつは，批判ができる

表 6.1　開発コンセプトの比較

	タイプA	タイプB
コンセプト		
性能比較	・達成性能　・コスト　・メンテナンス性	
議論の様子	・無謀だ。・性能が出ない。・安全サイドだ。	・革新的な装置だ。・他社に勝てる。・挑戦しよう。

ということは優秀な技術者の証拠である。しかし，優秀といっても広範囲の技術力は持ちえない。だから，賛成・反対のさまざまな技術分野の議論を通して，真摯であればあるほど自分の担当する技術分野以外を総合したときには，困難と思われるコンセプトも実現可能なのかもしれないと考える。自然法則に反していない限り，これを実現することが技術者の役割である。困難だ，あるいは難しいという理由を堂々と主張することは技術者の恥となる。だから，不賛成者はしだいに賛成のほうに回っていく。

　それでもなお批判をする開発技術者がいたとしよう。黙らせることは容易である。「保守的なことばかりを言っている。**建設的な意見がほしい**。」，「批判を言うのであれば，**代替案を出せ**。」と言い放てばよい。この言葉は批判を封じる殺し文句である。ほとんどの場合，完全に批判を黙らせることができる。賛成側に引き込むことができるのである。

【コンセプトを実現する開発スタイル】

　開発コンセプトが決定された後は，実質的な開発に入る。その前に，開発計画の立案が必要だ。製品納期が市場要求によるとき，従来の開発スタイルに固

執してはいられない．従来の開発工程を採用したとき，納期が守れないとわかれば開発期間を短縮するしかない．

図 **6.12** は従来どおりの通常の計画と，製品納入のタイミングを厳守するために考え出された挑戦的計画の対比である．

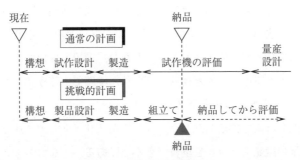

図 **6.12** 挑戦的な開発計画

前者の場合，まず，製品仕様を満たすための構想が行われる．次に，構想を具体的に実現する**試作設計**が行われる．続いて，試作設計に基づく製造が行われる．この評価によって，構想の実現の可否を判断する．もちろん，試作設計に過誤があることは不可避である．だから，試作機の評価過程で修正設計およびその検証も行われる．そして，設計変更を含めた試作機の評価を通して，他社に負けないコンセプトの製品であり，量産に持ち込めるという確証を得る．そうして，**量産設計**を行い，実際に市場に投入する製品の製造が行われる．

ところが，正当な開発工程ではあるが，試作機をつくりこの評価後に量産となるため，市場が要求する製品納入には到底間に合わない．そこで，試作機をつくらないという図 6.12 下側に示す挑戦的計画が登場する．

この計画表を参照すると，「試作」の文字がまったくない．だから，試作機はつくらないのだ．構想を通して，いきなり製品設計を行い，ついで製造を行い，そしてユーザーに納入する計画である．これを業界用語で「**試作レス**」と言う．早く市場に製品を納入したい，という人間の欲望だけが前面に出た計画と誤解してはならない．「試作レス」が可能な技術的環境は整っている．具体的には，優れたアプリケーションソフトの充実という開発環境のことを指す．

すなわち，モノを製造せずとも，PCの中で設計を行い，この評価も行い，不具合に対する再設計を行い，そして再び評価するという開発環境は整っている。PCの中で設計・評価を十分に行った後に，実際に量産機を製造することになる。

モノを製造してからの評価に対して，著しい時間の短縮が図れることは間違いない。決して無謀な計画ではなく，すべてのメーカーが目指す方向性である。実質的に成功している業種もある。ただし，前提条件はある。試作レスの開発を志向してからの，延々と積み上げられた実績であろう。

【開発スタイルのメリットとデメリット】

挑戦的な開発計画を採用したとき，もちろんメリットとデメリットがある。前者は，従来の開発スタイルを革新できる点にある。すなわちマンネリに陥っていた開発スタイルを一新できる。

一新とは，思いきった設備導入がなされるという意味である。また，新技術導入が容易に行われることも含む。いままで，設備導入のために，上席管理者に何度も稟議書(りんぎ)を提出した。その都度，費用に対する効果の定量化を求められ，この確度不足を指摘されて設備導入ができなかった。しかし，挑戦的な開発計画の場合には，いとも簡単に設備導入が実現する。開発技術者を魅惑する新技術導入も容易になされる。そのため，開発者の士気（モラール）が上がる。加えて，新人技術者に対する教育的効果は抜群となる。士気が高くなると，開発スピードは予想以上に早くなり，分野を越えた協力関係が徐々に構築されていく。結果として困難な作業も意外に早く行われるという効果が出てくる。これが組織体にとっての財産になる。

もちろん，メリットがあればデメリットも必ずある。挑戦的であればリスクも大きい。開発に失敗したときには，他社の競争から脱落する。この場合，開発者の中に不満が鬱屈し，著しく士気は下がる。つまり，疲弊した状態に陥る。

【開発リーダーの仕事】

長期間の開発が許されている場合，開発過程で生じた疑問を明らかにするた

6.6 大規模プロジェクトの失敗

め，本筋から脇道に入ることができる．例えば，疑問を晴らすために，条件を変えた詳細なデータの収集などである．

しかし，開発スケジュールに余裕がない場合，開発の最終目的に到達する行動以外は排除しなければならない．枝葉末節に入り込む仕事に対しては，ストップをかける強権が発動される．民主的な話し合いでは，実質的に仕事が進まないからだ．製品としての形をつくり上げることに高い優先順次が設定されねばならない．このように仕事を進めるのは，開発リーダーの仕事の一つとなる．

若いときお仕えした上司は，私に強権を発動した．磁気軸受の開発のとき，最終の目標は，安定な磁気浮上と高速回転の実現，そして製品化への道筋をつけることにあった．しかし，学生気分が抜けていなかったのだ．なにやら安定解析をやり始めたと記憶する．理屈のうえでは，製品化するという最終目的に対して寄与する．そのように抗弁したはずだ．しかし，ブツに寄りそっていない仕事は止めよと命令された[4]．振り返ると上司は正しかったのである．

【リーダーの条件】

リーダーの条件として「弱音を吐かない」あるいは「慌てない」ことを必須条件として挙げる．もちろん，そのとおりである．開発遅延や些細な失敗に，一喜一憂されてはかなわない．どっしりと構えていてほしい．

しかし，私見であるが，弱音を吐かないため寡黙になり過ぎると疑念が生まれやすいと思っている．仕様達成が叶わない見通しのとき，あるいは開発遅延が誰の目にも明らかなとき，寡黙のままであると「リーダーは事の重大性が理解できていない．」と部下は判断する．そして，弱音を言わないために，代わりに口から出てくる言葉が空疎な激励や努力の要求のときには，困ったことになる．「リーダーはまったくわかっていない．」という部下からの判断が唯一に定まる．

「リーダーは弱音を吐いてはならない．」を金科玉条としてよいのであろうか．無批判にこの言葉を受け入れている．だから思考停止に陥っていると，私は思っている．なぜならば，リーダーの弱音は部下の士気につながる，という

単純な感情は実際の現場に生まれてきはしないからだ。部下をあまりに見下す言い方である。部下の弱音に対して，「僕もじつはちょっと心配していたのだ。」と上司が共感してもよい。「でも，絶対に諦めない。どうにかするのだ。一緒に考え抜いてほしい。」と言ったとき，そして具体的な行動で示したとき，士気は落ちるわけがない。もし，士気が落ちたならば，それは部下を選んだあなたの選択眼に曇りがあったのだ。

【結　論】

　プロジェクトが成功すれば，開発過程での苦労は癒され，メンバーにわだかまっていた怨念も消滅するであろう。一方，失敗という結果になったときが問題である。

　手のひらに乗る小型テレビなどはいまどき珍しくもない。時代を先取りしすぎた開発だったのだろう。この製品に思い入れがあり，製品化できない理由が技術問題ではなく，経営上の問題であったとき，大量の技術者が自身の想いにしたがって会社を離れていった。これは一つの選択である。

　もう一つの選択が，いや気持ちの持ち方があると思っている。回転体のイナーシャが大きいと，回り続けている回転を止めることはできない。よく知られた**フライホイール効果**である。これは物理法則から明らかな現象である。同様に，開発を行っている組織体のサイズが大きいと，開発が失敗することが明らかでも，これを誰も止めることはできない。現場の技術者は言うに及ばず，リーダーでさえ止められない。よって，開発が成功しないために自分たちが疲弊していることを，リーダーに恨みとしてぶつけてはならない。開発の中断を宣告できるのは経営トップしかいないからだ。失敗を活かす道も経営トップに委ねられる。だから，一兵卒の開発技術者の場合，**失敗の経験を自身の次の飛躍の糧にするしかない。**

付録

アナロジの効用

2章では語彙の不足が，めぐりめぐって失敗に結びつくことを述べた．そうであるならば，異なる技術分野の人たちと共同で作業する場面では，たがいの専門用語が飛び交うことになり，相互の理解が図れないと深刻な事態を招くことは間違いない．解決の一つとして，アナロジの活用がある．

アナロジと言えば，電気と機械を結び付けるよく知られた関係がある．それは，インダクタンス L を質量 M，抵抗 R を粘性比例係数 D，そしてキャパシタンス C をばね定数 K の逆数 $1/K$ に対応させるものである．電気と機械の専門家が集う協同開発の場面などで，技術内容の相互理解をすすめるときに有益となる．

以下では有益と思うアナロジの数々を紹介したい．

A.1　時間領域と周波数領域

制御工学や電子回路の講義中，付図1（a）の女性を黒板に描きながら次のように説明することがある．

> 自室の壁に，ある女優さんの写真が貼ってある．彼女は，私だけを真っすぐ見つめ微笑みかけている．かわゆいな～と思う．しかし，女性という生き物は単純ではない．私の男としての見方が，甘いのかもしれない．もしかしたら，受け入れがたい醜い性格とも考えられる．彼女の本質に迫りたい．どうしても，彼女の全体像をとらえたい．そうだ，横顔を見よう．横顔には，人生の年輪が刻み込まれているはずだ．そっと，横顔を見た．すると，苦労の跡がしのばれた．このとき，私は彼女を完全に理解できたのである．

なんと不謹慎と思われるかもしれない．受けねらいとでもお考えならば，そ

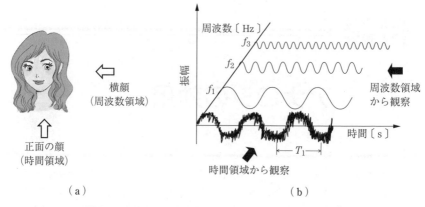

付図1 女性の正面・横顔および時間領域・周波数領域[1)]

れは表層的かつ揚げ足とりだ。軽薄と断じたい。学生に媚びを売っても、給料は上がらない。私は大真面目なのだ。なぜ付図(a)を使って話をしなければならないのかを知ってほしい。

制御工学の書籍の伝統的な章だては、例えば「第3章：時間応答」,「第4章：周波数応答」である。そうすると、各章のタイトルに沿った解析・設計方法を整理した形で論述できるので合理的だ。しかし、章が違うので相互の関係も分断されている、と初学者は誤認する。このことは、優秀な評価で単位取得したにもかかわらず、研究テーマを進めていく過程でわかる。

「オシロスコープで観測しなさい。」と学生に指示すれば、時間波形を取得する。次に、「**周波数応答分析装置**（通称、**サーボアナライザ**）でボード線図を取得せよ。」と言えばこのデータを計測する。これら二つのデータを並べることによって、私は計測対象の本質に迫りたいのである。これを学生自らが分析してほしいのである。しかるに、「時間応答はこのとおりです。一方、周波数応答はこのとおりです。」という分断された報告を学生が行う。同一の計測対象の物理現象を、見方を変えて観測しているのだ。このことがわかっていない。

だから、付図(a)を使った女性の話から、付図(b)の意味を説明したいのである。翻訳すると以下のとおりである。

・真っすぐ見つめ微笑みかけている。……もしかしたら，受け入れがたい醜い性格とも考えられる。

　オシロスコープを使って時間波形を観測した。外形から周期的な振動であり，この周期を読み取ることができた。重畳しているノイズ状のものは，縦軸の振幅と横軸の時間を拡大・縮小することによって，やはり周期信号であることがわかった。だから，物理現象をほぼ理解できた。事前検討から思い描いていた波形である。ただし，ほんの少しだけ疑念を持つ時間波形の箇所もあった。どうしようか。疑念を晴らしたい。物理現象の本質に迫りたい。しかし，オシロスコープによる時間波形の観測ではもう無理である。

　そこで，観測の見方を変えることにした。疑念に思った物理現象を明らかにするため周波数応答を計測することになる。

・横顔を見た。すると，苦労の跡がしのばれた。

　周波数応答を観測すると，時間領域の観測から読み取った周期信号の成分があることを確認できた。しかし，オシロスコープでは分析できなかった信号成分を，周波数領域の観測では見つけることができた。

　つまり，時間領域と周波数領域の観測が一対一で対応しており，なおかつ前者の観測では見過ごされていたことが，周波数領域の観測によってわかったのである。

・私は彼女を完全に理解できたのである。

　物理現象を，時間領域で観察する。そして，周波数領域でも観測する。だから，物理現象の本質がすべてわかったことになる。

A.2　コンプリメンタリ・ペア，相補型トランジスタ

　PNPとNPNという型の違いのため極性は異なるが，ほかの電気特性が同じトランジスタのことを，**相補型トランジスタ**と言う。二つのトランジスタを対で使う電子回路があり，著者は講義において次のように説明している。

付図2は，モータに正逆の電流を流す**プッシュ・プル回路**である．ここで，NPN型である例えば2SC1815を「男」と，PNP型の2SA1015を「女」と対応させたとき，つねにこの対で用いなければならない．「男」の2SC1815が回路に使用されるとき，2SA1015という唯一の「女」としかペアは組めない．だから，それは仲が良い夫婦と言えるのである．まるで，われわれ夫婦のようだ．それでは，トランジスタのすべてが夫婦となるべき相手がいるのか，と言えばそうではない．一生独身で過ごさねばならない，すなわちペアを組めないトランジスタは多いのである．

付図2 コンプリメンタリ・ペアは仲が良い夫婦

A.3　垂　下　特　性

付図3は，直流モータの特性の一つであるトルク〔N·m〕対回転数〔rpm〕の関係を示すグラフである．回転数が上昇するとトルクは減少する．これを**垂下特性**と呼ぶ．

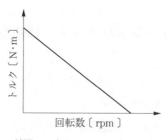

付図3　直流モータの垂下特性

もし，回転数の増加でトルクも増加するモータがあるとしよう．実際にはないのであるが，こんなモータは怖くて使えたものではない．物理現象は安定な方向に収束するのだ．モータの回転数が上がる，すなわちイケイケの動きになるほど自制が働いてトルクは減少する．自制が働くということをモータの世界の用語を使えば，**逆起電力**が作用するという．あるいは，逆起電力による**負帰還**が掛かるという．モータに限ることなく，安全サイドに働く垂下特性は多い．そのため，「垂下」という用語は，自然現象の巧みさを表現しており，きわめて大事だと思っている．

だから，「垂下」は技術者・研究者の卵である学生には，是非とも覚えてほしい技術用語である．そこで，「西瓜，誰何，Suica，垂下」の中から，最適な言葉を選ばせる出席調査を兼ねた小テストを課す．人を馬鹿にしたような設問であることは承知のうえだ．人を食った設問だからこそ正解の「垂下」の言葉を覚える．このことは，試験問題に対する正答率の高さで証明されている．そして，筆者が学生時代のときのディジタル回路の講義で，「NAND(なんど)回路を使えば，なん（ど）でもつくれる（どのような回路でもつくれる，の意味）」と言った先生の話をいまだに覚えているように記憶してくれるはずだ．

なお，「誰何」は「だれか」と読むのかな？　このような学生たちの話し声が聞こえてきた．時代劇の中の剣豪は，道場破りとき「たのもう，誰(たれ)かある」と玄関先で問いかける．これを「誰何(すいか)した」と言う．

A.4　スライディングモード制御

故人の美多勉先生（東京工業大学教授）は，テニスがお好きだった．当時，**スライディングモード制御**の研究も手掛けておられ，テニスとこの制御を結び付けたアナロジを考えついた．**付図4**を使って，私に説明してくれたものである．

この図面は，遠くから飛んでくるテニスボールをラケットで受けとめ，このボールを手元にまで持ってくるときの様子を描いている．一方，スライディン

付図4 スライディングモード制御の
理解のためのアナロジ

モード制御の学術的な説明を要約すると以下のとおりである[2]。

> 希望の特性を切換面として設計することによって，システムを等価的に希望の特性に拘束する制御をスライディングモード制御という．二つの動作から成り立っている．一つ目は，位相平面上で任意の場所から出発した軌道が，切換面に到達するモードである．二つ目は，位相平面上の原点に漸近的に接近するモードである．

「切換面に到達するモード」のことが，付図4ではラケット面でボールをとらえることである．先生は，このモードに対して「貼りつき」という言葉を使っておられたと記憶する．そして，「原点に漸近的に接近するモード」が，手元に引き寄せられるボールの動きを指す．だから，スライディングモード制御の本質的な動作の理解にとって有益と考えられる．

残念なことは，付図4のアナロジでスライディングモード制御のすべてがわかったと私が誤認したことである．そのため，この制御に関する精緻な理論の勉強がおろそかになっている．

A.5 PID 制 御

プラントは言うにおよばず，メカトロ機器にも **PID制御** が入っている．制御で動く90％以上のものにはPIDが採用されている．汎用的な制御方式であり，技術者・研究者ならばこの技術用語を知っておきたい．しかし，PIDの原

理を数式ベースで知らない場合，PID 制御を扱う者の苦労に共感することはできない。だから，アナロジを持ち出して説明することになる。

A.5.1 織田・豊臣・徳川と PID 制御

付図 5 は，大手電機メーカーの部長が，経営層に対するレクチャーのときに持ち出したアナロジである。「なぜ，PID を使えばモノをうまく制御できるのか？」という素朴な疑問に答えるためと聞いている。

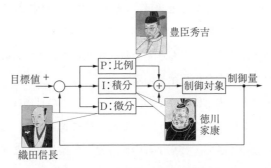

付図 5　織田・豊臣・徳川と PID 制御

部長によれば，時代を先取りした天才の織田信長が微分の D（derivative），それを引きつぎ時代を急速に駆け上がった豊臣秀吉が比例の P（proportional），そして先人たちの失敗を腹いっぱいため込み，これを天下平定に活かした徳川家康が積分の I（integral）というわけである[3]。

いかがでしょうか。積分 I を徳川家康と見立てることには十分に納得する。微分 D だけを取り出した場合には，「時代を先取り」を「微分」に置き換えているので納得する。しかし，微分 D を単独ではなく，制御ループの中で D の動作を見たとき，これは振動を抑制するダンピング機能となる。だから，織田信長の行動とは相いれない。

私は批判をしたいのではない。制御の専門家にこのアナロジは使えないと言いたいのだ。上記のような反撃をくらうので使用してはいけない。このアナロジは，技術畑ではない人たちに対する説明としては印象的なものとなろう。

A.5.2 現在・過去・未来とPID制御

古い昔のことである．作詞，作曲，そして歌唱の三役をこなす渡辺真知子の「迷い道」という歌がヒットした．出だしの歌詞は次のとおりである．

<u>現在過去未来</u>　あの人に逢ったなら

私はいつまでも待ってると　誰か伝えて……

この歌詞を口ずさんだ世代の私は，記憶のどこかにフレーズのかけらが残っていたのだ．あるとき，現在・過去・未来がP・I・Dに対応するのではないか，とひらめいた[1]．なぜかと言えば，「どうして，PID制御でうまくいくのか？」という問いに明快に答えられず悩んでいたのだ．悩んでいると，あるとき良い考えが浮かんでくる．もちろん，数式を用いた説明ならば容易だ．しかし，数式を用いてはならない相手もいる．

まず，現在・過去・未来についてお話しする．学生の目標は，勉強によって自分の希望する職業に就くこととする．この目標に到達するには，行動を起こさなければならない．さて，どうするのか．過去を振り返るとあまり勉強していなかったと反省する．現在は，人並に勉強している．そして，将来のことを考えると，さらに一生懸命に勉強しなければならないと考えている．そうすると，学生は過去，現在，未来の情報を総合して，いまの勉強量を決定する．このような学生の行動は，機械系の制御において，アクチュエータに動作をさせるときにもそのまま当てはまる．

付図6では，目標値とセンサ出力の差の信号（偏差信号$e(t)$）に対して，PIDが施されている．ここで，現在の偏差信号を何倍にするのかがP（比例）動作である．過去からの偏差信号をため込む動作がI（積分），そしてD（微分）は，偏差信号の傾き，すなわち将来の方向とみなせる信号に対する倍率である．したがって，現在・過去・未来の情報に重みK_P, K_I, K_Dをかけた信号で，いまの行動を起こすための駆動信号$u(t)$をアクチュエータに与えている，と解釈できよう．強引な例え話とも批判されかねないこのようなアナロジを用いるメリットはどこにあるのか．私は以下のように考えている．

PIDを用いた制御系の仕様を満たすために，パラメータ調整が行われる．

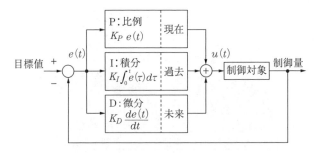

付図 6 現在・過去・未来と PID 制御

高々三つであるが,長い調整時間を要する.このとき,門外漢はパラメータが三つしかないのに,なぜ早く調整が完了しないのかと立腹することがある.実際に,嫌味な非難を受けたことがある.しかし,人の行動において,現在・過去・未来の情報に基づく意志決定の困難さは誰もが味わっている.だから,制御系の PID 調整も簡単ではないことを了解すると思うのである.

A.6　除振装置の空気ばね

4.6 節において空圧式除振装置を取り上げた.同分野の技術者・研究者と議論するときには「除振」,「除振率」,「除振と制振のトレードオフ」などの技術用語を駆使できる.しかし,技術者・研究者といえども,すべての技術内容が理解できるわけではない.いわんや,卒業論文や修士論文発表会の聴衆はおもに同期の学生たちである.「除振率」などの用語を使っても,容易に理解はしてくれない.だから,わかりやすい表現の工夫をせよ,と学生に指示した.

付図 7 は,学生の作成した図面である[4]。「除振」の意味を説明するために,まず付図(a)左側を参照させる.机の上に PC を置いてある状態で地震が発生したとき,PC はガタガタと振動する.ところが,付図(b)のように,空気ばね,すなわちぷよぷよの風船を除振台の下に挿入すると,地震の振動が風船のところで緩和されて,付図(a)右側では大事なデータが入っている PC に損傷を与えない.このような説明を行ったのである.

172　付録　アナロジの効用

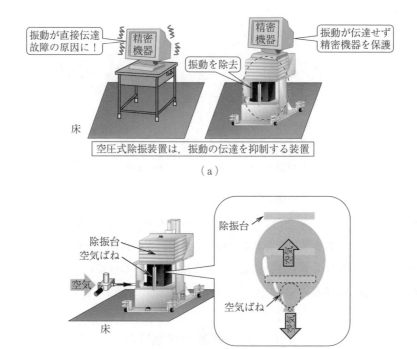

付図7　空圧式除振装置の機能説明のための初心者向けプレゼンテーション図面

　付図7は初心者向けのプレゼンテーションでは効果的であった．しかし，専門家向けとしては不向きであろう．このことに注意したい．アナロジの使用は聴衆の階層を考慮して取捨選択されなければならない．

　アナロジの効用は，工学の理解のための大きな枠組み，あるいは概念を把握できることにある．だから，厳密性なんてものはない．しかし，概念を説明したいにもかかわらず，アナロジそのものの巧拙で揚げ足をとられることがある．一番多いパターンが，小馬鹿にされたと勘違いして立腹そして非難，ということである．このような人にアナロジをむやみに使ってはならない．使う必要もない．工学的な理解を希求する人だけに，適切なアナロジを用いなければならない．

おわりに

　遅々として進まない執筆に推進力をもらうため，本書の内容を知人に話した。某会社開発部所属の知人に執筆の構想を述べたとき，「その内容は，**危険予知トレーニング**（kiken yochi training）に似ていますね。」という意見をもらった。私が企業在職のとき，KYT という用語はなかった。当然，社内研修も，セミナー会社主催のテーマでもなかった。このように断言できる。調査してみると，まず，職場の作業状況を描いたイラストあるは写真を受講生に見せるようだ。次に，実際の作業を通して，あるいはイラストからの想像によって，危険のポイントを出し合い，そして対策を考えるという訓練であった。

　たぶん，KYT が発案されたときの想いと，本書執筆の動機は同じである。失敗した後に反省をすれば，注意点は単純明快なことばかりだ。例えば，学生に「重いモノを運ぶときには気をつけてね。」と言っても，返答は「はい，わかりました。注意して運搬作業をします。」となる。しかし，運搬作業のときに，踵をつぶした靴を履いてくる。この状態で重量物を運ぶことに，何らの危険も感じない鈍感さだ。だから，靴の履き方のどこに危険があるかを，運搬作業の直前に話さねばならない。本当は，自分自身で気づいてほしい。どこにも，鈍感な人間はいる。だから，さまざまなシーンを通して気づきに対する感性を磨き，実作業のときには注意すべきことを明確に認識したうえで作業を遂行させる。このようなねらいが KYT にはある。本書執筆の目的もそこにある。ただし，本書では技術フィールドだけに焦点を当てた KYT と違いがある。それはあらゆることの連鎖という観点である。

　研究室配属の学生には，卒論あるいは修論の提出締め切りがある。このデッドラインまでに着々と研究を仕上げなければならない。発表会に参加する聴衆の納得を獲得するには，数か月先の開催であっても，寝坊はできないはずだ。

しかし、寝坊は頻繁である。遅刻に厳しい鬼教員の叱責を受けたくないため、注意散漫な急ぎ足の通学となるかもしれない。そうすると思わぬ交通事故に遭遇する確率は高くなるであろう。いまのところ、交通事故に遭うことなく無事に研究室のコアタイム10時前にかけ込めている。しかし、10時から実験装置を使用する予約をとっており、頭が冴えない状態で実験を開始した。このようなとき、いままで使用してきた機器であり、私から言えば「煮ても焼いても壊れるハズがない。」サーボアナライザ内蔵の発信器を壊すことになる。それも、発信器の出力端子に、電流アンプの出力を接続するという大技である。下品な言い方をすれば、口からリンゴを入れるにもかかわらず、お尻にリンゴを入れ込んだわけである。私は許せない。あり得ない所業である。寝坊によるたかが遅刻が、必然ともいうべき連鎖によって装置を破壊したということに気付いてほしい。このように思うのである。

　だから、技術の失敗とは無関係とも思える言語の貧弱さを2章で、行動時の態度問題を3章で、そして電気と機械に関係する過誤のたぐいを4章と5章で記述した。最後の6章では、学生の失敗および自身が若いときにおかした事故の分析である。これらの通読によって、会話の語彙が貧弱なこと、普段の生活態度や性格までもが、技術の世界では失敗や事故の原因につながる。このことをくみ取っていただけたら幸いである。

　本書では、臨場感を感じていただくために、学生と私の会話を載せた。記憶に頼ったので、一字一句の正確さはもちろんない。そして、実例であるが再構成であり、学生の特定もできはしない。ここで、誤解してほしくない点がある。学生を万座の前に引きずり出し、そして彼らの失敗をあざ笑うために会話を載せたのではない、ということである。会話を読んでいただいたとき、ボキャ貧がボディブローのように仕事そのものにも悪影響を及ぼすことがおわかりかと思う。そして、読者が技術者・研究者であれば、過去に同じ間違いしたことを思い出すはずだ。読者が研究に従事している現役の理工系学生であれば、本書記載の中に、自身がおかした同類の失敗事例が必ずあるはずだ。結局のところ、誰もがおかす可能性のある失敗の例を載せている。だから、現役の

うぶな学生および若手技術者が，本書を通して数多くの失敗の擬似体験をすれば，より深刻な失敗にはつながらないと期待するのである。「他人の失敗は蜜の味」だ。他人の失敗を自身の栄養源としてほしい。

　本書を書くにあたって多くの人のお世話になった。コロナ社との日ごろのお付き合いと有益な助言をいただきこれを本書に反映できたことに感謝したい。私の罵声に気落ちすることなく付き合ってくれた学生たちからは元気のエキスを頂戴した。深謝するものである。

引用・参考文献

★1章
1) 畑村洋太郎：失敗学のすすめ，講談社（2000）
2) 畑村洋太郎：決定版失敗学の法則，文藝春秋（2002）
3) 畑村洋太郎：社長のための失敗学，日本実業出版社（2002）

★2章
1) ジェイテクト「ベアリング入門書」編集委員会：図解入門よくわかる最新ベアリングの基本と仕組み，p.21，秀和システム（2011）
2) 酒巻 久：リーダーにとって大切なことは，すべて課長時代に学べる―はじめて部下を持った君に贈る62の言葉―，p.102，朝日新聞出版（2012）
3) 谷沢永一：嫉妬する人，される人，p.17，幻冬舎（2004）
4) 五木寛之：運命の足音，p.84，幻冬舎（2002）
5) 全国大学生活協同組合連合会：読書する力は生きる力，季刊読書のいずみ，No.129，p.21（2011）
6) 宮内庁侍従職（監修）：皇后陛下お言葉集 歩み，p.278，海竜社（2005）
7) 藤沢周平：橋ものがたり，p.85，新潮文庫（2006）
8) 藤原正彦：祖国とは国語，p.86，講談社（2003）
9) 藤沢周平：蝉しぐれ，p.112，文春文庫（2005）

★3章
1) 涌井伸二：工学系学生と企業開発者の類似点と相違点，第55回自動制御連合講演会，pp.958-963（2012-11）
2) 文藝春秋（編）：松本清張の世界，p.692，文春文庫（2003）
3) 藤沢周平：蝉しぐれ，p.462，文春文庫（2005）
4) リュ・ウンギョン（著），徐 正根（訳）：イ・サン―正祖大王―〈二〉，p.92，竹書房（2009）

★4章

1) 多摩川精機（株）（編）：ジャイロ活用技術入門―その原理・機能・応用のポイントを詳述―, p.52, 工業調査会（2002）
2) 白石貴行：Hovercraft の姿勢制御, 平成16年度卒業研究論文（東京農工大学電気電子工学科）
3) 長谷川雄三：ホバークラフトの姿勢制御, 平成17年度卒業研究論文（東京農工大学電気電子工学科）
4) Mohebulla Wali：Positioning Control of a Pneumatically Actuated Stage―Control of Reaction Force and Flow Disturbance and Improvement of Positioning Speed―, p.169（February 2014）
   ※東京農工大学博士論文
5) 堀田大悟：同一次元オブザーバの推定信号を利用した空圧式除振装置の制御, 東京農工大学電気電子専攻修士学位論文, p.59（平成24年度）

★5章

1) 兵藤申一, 福岡　登ほか15名：高等学校　物理II, p.121, 135, 啓林館（2004）
2) 二宮　保, 小浜輝彦：学びやすいアナログ電子回路, p.92, 昭晃堂（2007）
3) 雨宮好文：現代電子回路学［I］, p.173, オーム社（1978）
4) 涌井伸二, 橋本誠司, 高梨宏之, 中村幸紀：現場で役立つ制御工学の基本, p.66, コロナ社（2012）

★6章

1) 涌井伸二：ターボ分子ポンプ用磁気軸受開発の顚末, 電子情報通信学会東京支部学生会学生会報, 2002年7号, p.22-28（2002）
2) 畑村洋太郎：失敗学のすすめ, p.121, 講談社（2000）
3) ナポレオン・ヒル, 田中孝顕（訳）：〈決定版〉思考は現実化する, p.505, 騎虎書房（1996）
4) 涌井伸二：［読者の広場］磁気軸受開発の回想, システム制御情報学会, p.172（1998）

★付録

1) 涌井伸二, 橋本誠司, 高梨宏之, 中村幸紀：現場で役立つ制御工学の基本, p.87, 142, コロナ社（2012）
2) 野波健蔵, 田宏　奇：スライディングモード制御, p.5, コロナ社（1994）

3) 涌井伸二：〔読者の広場〕アナロジによる制御工学理解の功罪，システム制御情報学会，p.539 (1997)
4) 論手孝至：地震発生時における空圧式除振装置の制御切替え方式の一研究，東京農工大学修士学位論文 (2014)

索　引

【あ】
圧力センサ　87

【い】
イナーシャ　11

【え】
エアーコンプレッサ　86
エアーシリンダ　79
液冷　97
エクステンション　151
エナメル線　111
エントリーシート　20

【お】
オフセット　128
オペアンプ　97
温度コントローラ　41

【か】
回生回路　142
回転運動　37
外輪　12
重ね合わせの理　6
加算回路　124
仮説検証　96
カットモデル　12
慣性モーメント　11

【き】
危険予知トレーニング　173
逆起電力　167
逆バイアス　115

【く】
筐体アース　134
金属皮膜抵抗　9
金皮抵抗　9

【く】
空圧式除振装置　82
空圧レギュレータ　75
クリアランス　13
クリーンペーパ　152
クリーンルーム　150

【け】
減衰振動波形　83

【こ】
コアタイム　47
校正　131
構想設計　157
コネクタ　104
コミュニケーション不足　20

【さ】
差動回路　6
サーボアナライザ　164
サーボバルブ　79

【し】
治具　13
指差確認　63
試作設計　159
試作レス　159
失敗学　1
失敗工学　1
ジャイロセンサ　71

【し】
シャーシアース　134
シャットダウン
　シーケンス　40
周波数応答　12
周波数応答分析装置　164
消費電力　140
除振　147

【す】
垂下特性　166
ストレートケーブル　105
スライダック　145
スライディングモード
　制御　167

【せ】
静圧軸受　75
成果主義　155
絶縁皮膜　111
セラミクス　84
センタポンチ　14

【そ】
相補型トランジスタ　165
束線バンド　40

【た】
ダウンフロー　150
ターボ分子ポンプ　42, 64
玉軸受　12
ダーリントン接続　142
炭素皮膜　9
段取り　67
ダンピング　13

索引

【ち】
単巻変圧器	145
超音波モータ	126
重畳の理	6

【つ】
継手	89

【て】
定格電力	140
デバック	102
電位	6
電解コンデンサ	8
電磁誘導	114
転動体	12

【と】
同期	7
同軸ケーブル	104
動線	44
取説	70
ドリフト	128
トレードオフ	8

【な行】
内輪	12
ニッパ	108
濡れ性	101
熱容量	109
ノギス	16

【は】
バイアス	9
ハインリッヒの法則	153
ハウジング	104
バタフライ効果	5
ハードディスク	39
バナナプラグ	107
バリ取り	18
パワーオペアンプ	138
半田吸引器	112
半田ごて	41, 78
半田付け	101
汎用的	24

【ひ】
火入れ	132
光エンコーダ	80
ピッチング	35
ピンセット	17

【ふ】
フィードバック	72
フェイルセーフ	7
フォトダイオード	115
負荷	8
負帰還	167
プッシュ・プル回路	166
フライホイール効果	162
フラックス	103
フレックスタイム制度	46

【へ】
ベアリング	12
並進運動	37

【ほ】
報連相	20
ボキャ貧	5
ポンチ	13
ポンチ絵	25

【ま行】
マイクロメータ	16
右ねじの法則	114
メカトロニクス	138
モンキーレンチ	14

【ゆ】
誘導モータ	12

【よ】
ヨーイング	35
予備半田	78

【ら】
ランド	103

【り】
理想オペアンプ	120
リニアスライダ	36
リーマ	14
量産設計	159
稟議書	160

【ろ】
六角レンチ	15
ローパスフィルタ	118
ローリング	35

【A】
AC カップリング	131
ADC	149

【B】
BNC ケーブル	103

【D】
DAC	149

【E】
DC カップリング	131
DIP 型	97
DSP	39
ES	20

索　引

【I】
IC クリップ　　　103
IV 変換　　　115

【L】
LCR メータ　　　8

【M】
MEMS　　　75

【P】
PID 制御　　　168

【数字】
10：1のプローブ　　　130
1自由度角速度検出
　ジャイロ　　　71
5軸磁気軸受　　　42

──── 著者略歴 ────

1977 年　信州大学工学部電子工学科卒業
1979 年　信州大学大学院修士課程修了（電子工学専攻）
1979 年　株式会社第二精工舎（現セイコーインスツル株式会社）勤務
1989 年　キヤノン株式会社勤務
1993 年　博士（工学）（金沢大学）
2001 年　東京農工大学大学院教授
　　　　現在に至る

エンジニアのための失敗マニュアル
──── 痛快な珍問答と失敗のてんまつ ────
Failure Manual for Engineers
──── Delightful Questions & Answers and All the Details of Failure ────
Ⓒ Shinji Wakui 2015

2015 年 1 月 23 日　初版第 1 刷発行　　　　　　　　　　★

検印省略	著　者	涌　井　伸　二
	発行者	株式会社　コロナ社
	代表者	牛　来　真　也
	印刷所	壮光舎印刷株式会社

112-0011　東京都文京区千石 4-46-10
発行所　株式会社　コロナ社
CORONA PUBLISHING CO., LTD.
Tokyo Japan
振替 00140-8-14844・電話 (03) 3941-3131 (代)
ホームページ http://www.coronasha.co.jp

ISBN 978-4-339-07797-1　　　（松岡）　　（製本：グリーン）
Printed in Japan

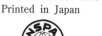

本書のコピー，スキャン，デジタル化等の無断複製・転載は著作権法上での例外を除き禁じられております。購入者以外の第三者による本書の電子データ化及び電子書籍化は，いかなる場合も認めておりません。

落丁・乱丁本はお取替えいたします

辞典・ハンドブック一覧

日本シミュレーション学会編	**シミュレーション辞典**	A5 452頁 本体9000円
編集委員会編	**新版 電気用語辞典**	B6 1100頁 本体6000円
電子情報通信学会編	**改訂 電子情報通信用語辞典**	B6 1306頁 本体14000円
編集委員会編	**電気鉄道ハンドブック**	B5 1002頁 本体30000円
日本音響学会編	**新版 音響用語辞典**	A5 500頁 本体10000円
映像情報メディア学会編	**映像情報メディア用語辞典**	B6 526頁 本体6400円
電子情報技術産業協会編	**新ME機器ハンドブック**	B5 506頁 本体10000円
編集委員会編	**機械用語辞典**	B6 1016頁 本体6800円
編集委員会編	**モード解析ハンドブック**	B5 488頁 本体14000円
制振工学ハンドブック編集委員会編	**制振工学ハンドブック**	B5 1272頁 本体35000円
日本塑性加工学会編	**塑性加工便覧** ─CD-ROM付─	B5 1194頁 本体36000円
精密工学会編	**新版 精密工作便覧**	B5 1432頁 本体37000円
日本機械学会編	**改訂 気液二相流技術ハンドブック**	A5 604頁 本体10000円
日本ロボット学会編	**新版 ロボット工学ハンドブック** ─CD-ROM付─	B5 1154頁 本体32000円
土木学会監修	**土木用語辞典**	B6 1446頁 本体8000円
日本エネルギー学会編	**エネルギー便覧** ─資源編─	B5 334頁 本体9000円
日本エネルギー学会編	**エネルギー便覧** ─プロセス編─	B5 850頁 本体23000円
日本エネルギー学会編	**エネルギー・環境キーワード辞典**	B6 518頁 本体8000円
フラーレン・ナノチューブ・グラフェン学会編	**カーボンナノチューブ・グラフェンハンドブック**	B5 368頁 本体10000円
日本生物工学会編	**生物工学ハンドブック**	B5 866頁 本体28000円

定価は本体価格+税です。
定価は変更されることがありますのでご了承下さい。

図書目録進呈◆

技術英語・学術論文書き方関連書籍

Wordによる論文・技術文書・レポート作成術
－Word 2013/2010/2007 対応－
神谷幸宏 著
A5／138頁／本体1,800円／並製

技術レポート作成と発表の基礎技法
野中謙一郎・渡邉力夫・島野健仁郎・京相雅樹・白木尚人 共著
A5／160頁／本体2,000円／並製

マスターしておきたい 技術英語の基本
Richard Cowell・佘　錦華 共著
A5／190頁／本体2,400円／並製

科学英語の書き方とプレゼンテーション
日本機械学会 編／石田幸男 編著
A5／184頁／本体2,200円／並製

続 科学英語の書き方とプレゼンテーション
－スライド・スピーチ・メールの実際－
日本機械学会 編／石田幸男 編著
A5／176頁／本体2,200円／並製

いざ国際舞台へ！
理工系英語論文と口頭発表の実際
富山真知子・富山　健 共著
A5／176頁／本体2,200円／並製

知的な科学・技術文章の書き方
－実験リポート作成から学術論文構築まで－
中島利勝・塚本真也 共著
A5／244頁／本体1,900円／並製
日本工学教育協会賞（著作賞）受賞

知的な科学・技術文章の徹底演習
塚本真也 著
A5／206頁／本体1,800円／並製
工学教育賞（日本工学教育協会）受賞

科学技術英語論文の徹底添削
－ライティングレベルに対応した添削指導－
絹川麻理・塚本真也 共著
A5／200頁／本体2,400円／並製

定価は本体価格+税です。
定価は変更されることがありますのでご了承下さい。

図書目録進呈◆